复古风
蕾丝钩编装饰领
全集

日本 E&G 创意　编著
项晓笈　译

Crochet collar collection

河南科学技术出版社
·郑州·

Contents 目录

1 Irish motif

爱尔兰花样

2 Girly

少女风

3
Casual
休闲风

4
Elegant
优雅风

1
Irish motif
爱尔兰花样

Flower

花朵装饰领

细腻雅致的钩织网格上，
盛开着迷人的花朵。
爱尔兰蕾丝的复古风情，
最能衬托出装饰领的典雅美好。

钩编方法　p.48　p.49
设计、制作　冈真理子

Rose

蔷薇花装饰领

“浪漫优雅地绽放”是蔷薇的花语。
挑选温暖柔和的配色，
一朵一朵在装饰领上铺满，
可以很好地搭配各种服饰。

I

钩编方法　I：p.88　II：p.50　p.51

设计、制作　芹泽圭子

在每个领子尖上装饰上
蔷薇花。
甜美的香气好像也跟着
一起飘过来了呢。

II

Flower & Leaf

花与叶装饰领

爱尔兰花样的花和叶子，
点缀在衣服领口亮丽出彩，
恰好就是适合春日装扮的主角。

钩编方法　p.52　p.53
设计、制作　今村曜子

钩织花朵和叶片，再连接组合起来。
外边缘保留了花样原本的线条，
设计中充满了巧思与爱意。

Fruit & Leaf

果实与叶片装饰领

立体的果实与叶片连接在一起，
钩织出精致的装饰领。

钩编方法　p.54　p.55
设计、制作　芹泽圭子

Grape & Rose
葡萄果实与玫瑰装饰领

在简单朴素的装饰领上，堆叠着饱满的葡萄果实、甜美的玫瑰、叶片等各种花片，装饰领一下子就变得华丽高雅起来了。

钩编方法　p.56　p.57
设计、制作　河合真弓

Frill

荷叶边装饰领

荷叶边装饰领有着宽大的褶皱，松松软软地垂坠着。这种设计很有少女气息。可以通过领口的抽绳来调节颈围。

钩编方法　p.58

设计、制作　远藤Hiromi

Black line

黑色边装饰领

靠近边缘的黑色线条十分明显，
整个装饰领呈现出古典的风格。
这种轻松适意不刻板的边缘设计
实在有趣。

钩编方法　p.59
设计、制作　冈真理子

Scallop

扇形边装饰领

一个个扇形中包着一朵朵素雅的小花，设计复古怀旧。
装饰领主体主要由长针钩织而成，是可以轻松完成的作品。

钩编方法　I：p.60　II：p.61
设计、制作　松本薰

减少扇形花样的个数就可以缩短装饰领的尺寸，更好地贴合领口。钩织时试着搭配手边的衣服，调整出自己喜欢的尺寸吧。

Ⅱ

Double

双层装饰领

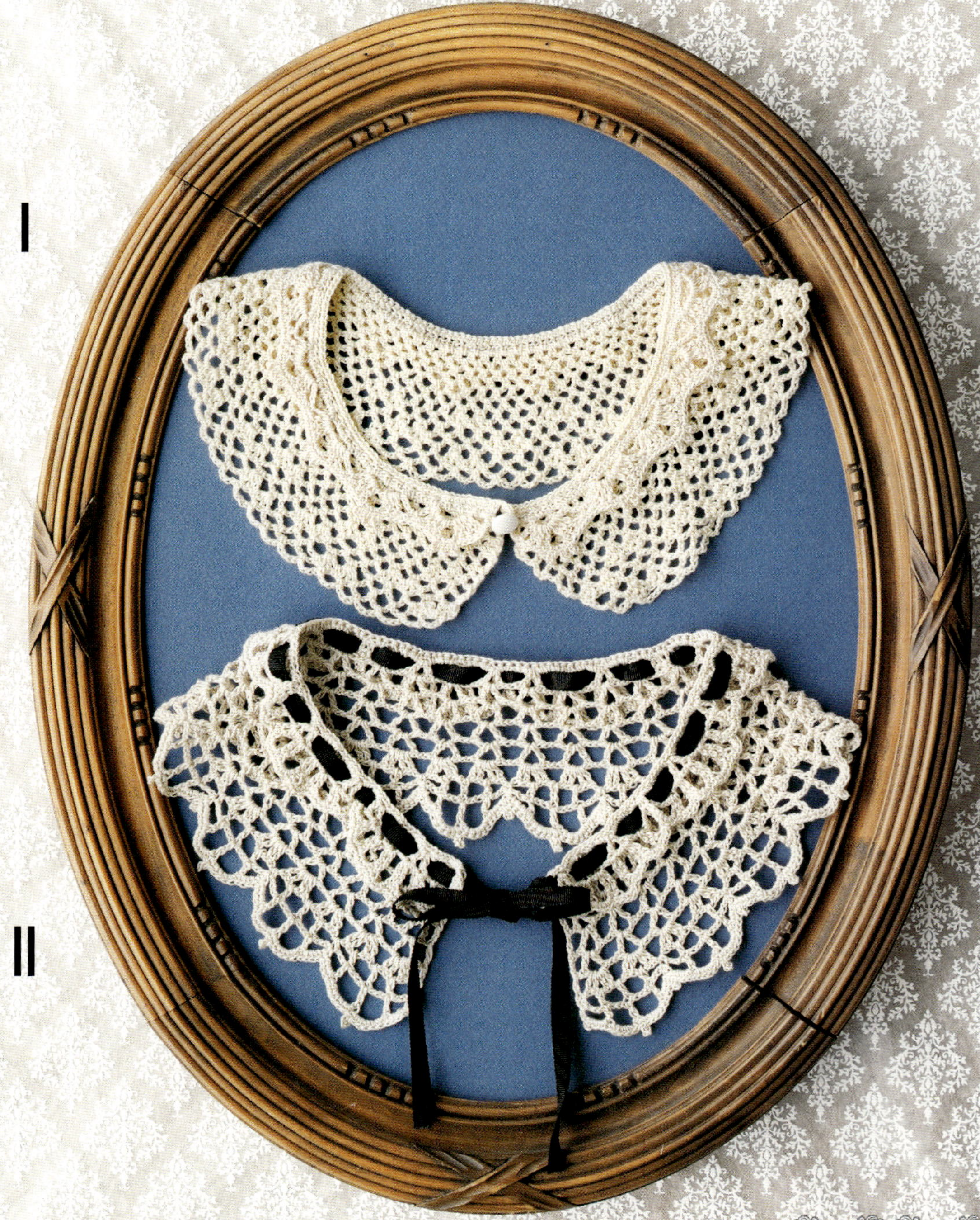

钩编方法　Ⅰ：p.62　Ⅱ：p.63
设计、制作　佐佐木绫

双层的蕾丝设计，
满溢着恬静的少女心情。
这一设计为领口添彩不少，
也是适合成年女性的装饰。

Edging

附边缘装饰的装饰领

边缘装饰一圈可爱小花，光彩夺目。
戴着它，就好像是站在花田中的纯情动人的少女。

钩编方法　p.64
设计、制作　aacero

Edge play
边缘花样装饰领

钩织细腻的蕾丝花样，完成精致高雅的装饰领。
其实钩织方法并不复杂，只需要简单地把同一个花样钩织 14 次。

钩编方法　p.65
设计、制作　镰田惠美子

Flower sailor collar

水兵领花朵装饰领

钩编方法　p.66　p.67
设计、制作　大桥裕

水兵领的主体由网眼钩编而成，
边缘点缀上不同颜色的花朵。
背后的效果特别俏皮可爱。

Filet crochet

方格网眼装饰领

钩编方法　p.68
设计、制作　今村曜子

钩织方格网眼来表现花朵的样子，
是非常经典的设计。
大大的扇形边同样经典，
完美地契合了少女心情。

Grape

葡萄装饰领

钩编方法　p.69
设计、制作　今村曜子

简洁通透的网眼钩编，
搭配一串串圆滚滚饱满的葡萄和叶片。
这是让人心生爱意的作品，
也很适合成年女性使用。

3 Casual
休闲风

Popcorn
爆米花针装饰领

用爆米花针钩织出一颗颗圆润立体的小球球。
作品 I 全部使用了爆米花针，
作品 II 仅在边缘部分钩织爆米花针。

钩编方法　I：p.70　II：p.71
设计、制作　佐佐木绫

11

Sailor collar

水兵领装饰领

水兵领的设计非常简洁，
可以轻松地完成直线条的钩织。
加上胸花的装饰，增添了几分端庄娴静。

钩编方法　p.72　p.73
设计、制作　佐藤Miyuki

边缘整齐地排列着平淡素雅的小花，
是心爱的花样哟！
水兵领的样子充满青春的气息，
用来配搭简单款式的连衣裙再合适不过了。

Natural

自然风装饰领

窄幅的设计，自然的风情，
好像曾经在哪里遇见过的那种感觉。
边缘迷你的狗牙边装饰格外精巧。

钩编方法　I：p.74　II：p.75
设计、制作　河合真弓

I

作品Ⅱ相比作品Ⅰ，宽度稍微增加了一些。
精简的设计，怎么看都不会感到厌烦。

Ⅱ

Shirt collar

衬衫领装饰领

1

钩编方法　p.89~91

设计、制作　冈真理子

钩织好基本领部分，再装饰细节，完成作品。
可以像作品Ⅰ，将小花整齐地排列在领子边缘；也可以像作品Ⅱ，让小花散落点缀在领子各处。

4 Elegant
优雅风

1

Continuous motif
连续花片装饰领

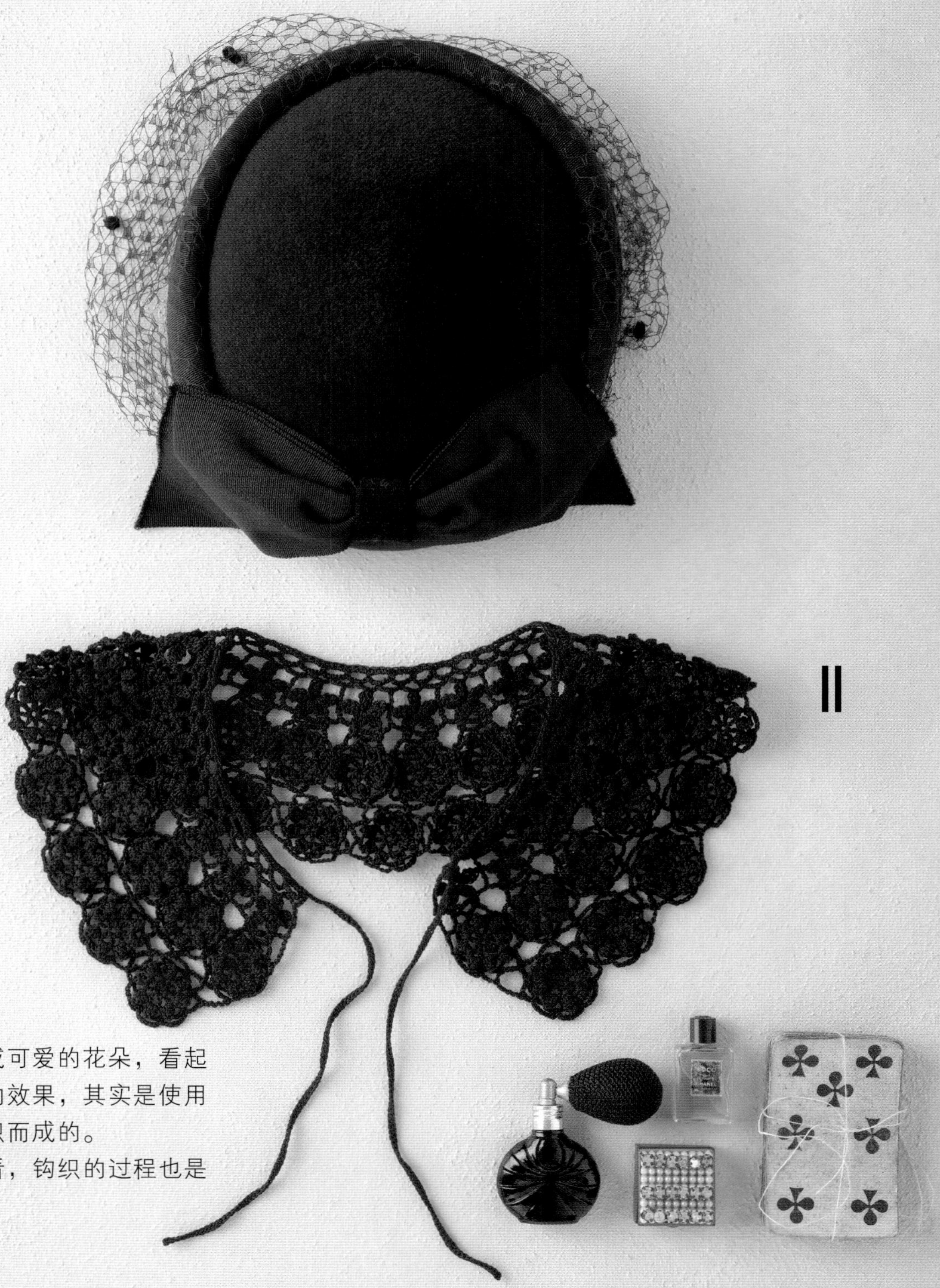

Ⅱ

立体的花瓣组合成可爱的花朵，看起来像是花片连接的效果，其实是使用不断线的方法钩织而成的。
不仅外形别致好看，钩织的过程也是相当的有趣。

钩编方法　Ⅰ：p.76　Ⅱ：p.77
设计、制作　今村曜子

Floret

小花装饰领和胸花

装饰领的边缘点缀着一圈小小的花朵，旁边的胸花是满满的一把花束。
选择了纯洁浪漫的白色蕾丝线钩织，格外柔美雅静，蝴蝶大概也要飞过来停留吧。

钩编方法　小花装饰领：p.78　胸花：p.81
设计、制作　佐藤Miyuki

Windmill & Miniature rose

风车装饰领和迷你玫瑰装饰领

钩编方法
风车装饰领：p.79
迷你玫瑰装饰领：p.80
设计、制作　今村曜子

风车装饰领

迷你玫瑰装饰领

风车装饰领钩织大大的连续风车花样，
迷你玫瑰装饰领前后都开满了小巧的玫瑰花。
根据每天不同的心情来选择合适的款式吧。

Pearl

珍珠装饰领

选用高品质的水滴形珍珠，
光彩照人，高贵雅致。
非常适合搭配成熟高雅的礼服裙。

I

158
Mockorange
White-flowered shrubs
Mockorange, Philadelphus. For sweet-scented June flowers, try variety Belle Etoile (pictured). May reach 8 feet.
Star Magnolia, Magnolia stellata. Picturesque 12-footer leads season.
Garland Spirea, Spiraea arguta. Its March bloom sits pertly on arched branches. Five or 6 feet tall.
Bridalwreath, Spiraea prunifolia. Fully double, buttonlike flowers. To 7 feet.
Slender Deutzia, Deutzia gracilis. A 3-footer. Bellflower, Multiflora, White Panicle are showy varieties.
Snowflake Deutzia, D. scabra candidissima. Tall-growing, double-flowered.
White Fringetree, Chionanthus virginicus. Odd, lovely in June. To 25 feet.
Lilac, Syringa. Edith Cavell is magnificent double-white, as is Madame Perier. Vestale is fine single.

钩编方法　I：p.82　II：p.83
设计、制作　今村曜子

锁针钩织的花样通透细腻，
再装点上同色系的珍珠，极为惊艳。

11

Back button

后扣装饰领

钩织时加入纯白色的珍珠，
整个设计优雅大方。
相当适合派对的正式气氛。

钩编方法 p.84
要点教程 p.45
设计、制作 大桥裕

Necklace

装饰领风格项链

设计选用了复古色调的珠子，边缘散落点缀着珍珠，更增添了作品的典雅。

钩编方法　p.85
要点教程　p.45

设计、制作　冈真理子

Bobble

小绒球装饰领

I

钩编方法　Ⅰ：p.86　Ⅱ：p.87

设计、制作　冈本启子/笠川美代子

在细致轻巧的网眼钩编上加入爆米花针，
圆鼓鼓的效果特别明显。
边缘再搭配狗牙边装饰，
让整体更精致。

11

Basic lesson 通用基础教程

爱尔兰花样各部分的钩织方法

●花朵的钩织方法

第 2 行　※ 包住第 1 行钩织短针

1 钩 1 针立织的锁针，钩针沿箭头方向插入中心位置，包住第 1 行钩织短针。

2 钩织完成 1 针。参照图示，重复步骤*1*继续钩织。

3 钩织完成 5 针。

4 完成第 2 行。织物中心是鼓起的，很有立体感。

第 6 行　※ 织物背面朝前遇到“短针反拉针”符号时，用和钩织针法符号相反的钩织方法钩织“短针正拉针”

1 钩 1 针立织的锁针，将织物翻至背面，钩针沿箭头方向插入，整段挑第 4 行的短针。

2 钩针挂线，沿箭头方向引拔。

3 钩针再一次挂线，沿箭头方向再一次引拔。

4 完成短针正拉针。

钩织完成后处理线头

1 钩织完成花片的最后一针，留出约 15cm 长的线，断线，将线穿过最后一针。使用毛线缝针穿过线头，挑第 2 针的针目。

2 毛线缝针穿回最后一针的中心，拉出。

3 将左右两针完美地连接在一起。这一方法可以应用在各种钩织作品上。

※为了便于理解，这里改换了线材的颜色进行说明

●叶片的钩织方法

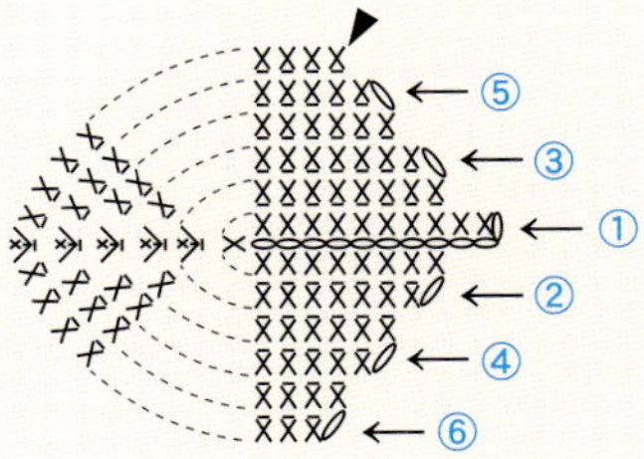

第1行

1 钩10针锁针起针。钩1针立织的锁针，挑里山钩织短针，钩织至起针处。

2 在起针开始的1针上钩3针短针。

3 另一侧，钩针插入步骤*1*中箭头所表示的位置（每个针目的2股线），钩7针短针。接着第2行钩1针立织的锁针。

第2行

4 翻转织物，挑第1行针目的上半针钩织短针。

5 完成挑上半针钩1针短针。

第3行

6 翻转织物，挑第2行针目的上半针钩织短针。

7 钩织完成第3行。重复步骤*4*～*6*，挑上半针，钩织6行短针棱针。

●果实的制作方法

1 按照p.42“花朵的钩织方法 第2行”步骤*1*～*4*，钩织完成第2行，留出约15cm长的线，断线，将线穿过最后一针。

2 使用毛线缝针时，将线头穿过缝针，用针挑第2针的针目，再沿箭头方向穿回最后一针的线环中心，拉出。右图为针目连接在一起的样子。

3 拉钩织开始的线头，将中心抽紧，用毛线缝针将线头穿过正面的织物，藏好线头，贴近边缘断线。以同样的方法处理钩织完成的线头（作为纽扣使用时，留一段线头用于缝纽扣）。

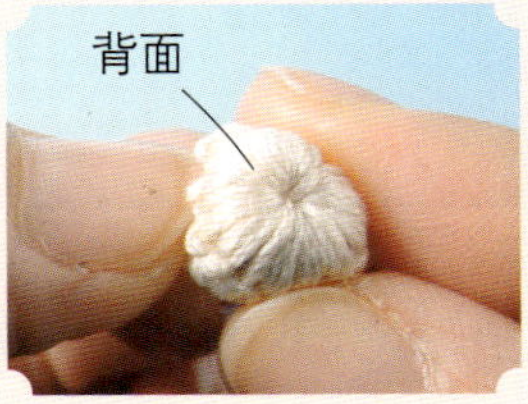

4 翻转织物，用手指按压整形，完成圆球状的果实。

●纽扣的制作方法

1 按照“果实的制作方法”步骤*1*～*4*制作，将钩织完成的线头穿过毛线缝针，挑最后一行针目外侧的半针。

2 穿过一周后，将线抽紧。右图为抽紧后的样子。留下线头，用于在主体上缝纽扣。

●分开线的方法

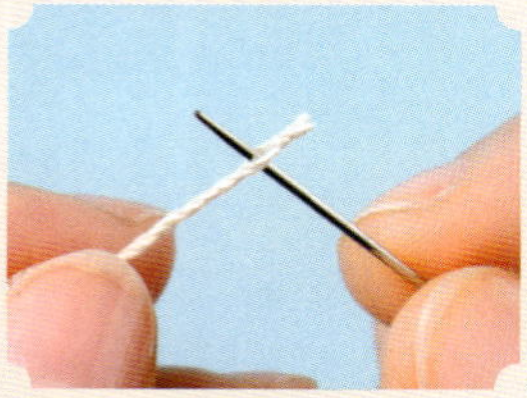

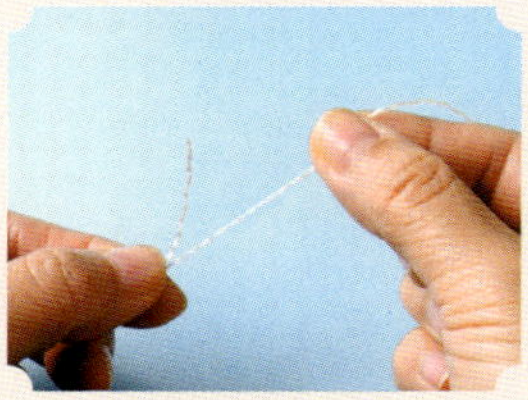

1 剪大约30cm长的线，捻松线头，如图所示，用针把线平均分成2根。右图为把线分开的状态。

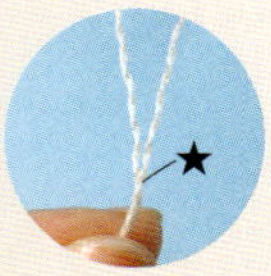

2 左手的食指和拇指捏住线分开的根部（步骤*1*的★位置），拉取分开后的其中1根。这样处理过的线捻度减小了，更方便使用。

花片的连接方法

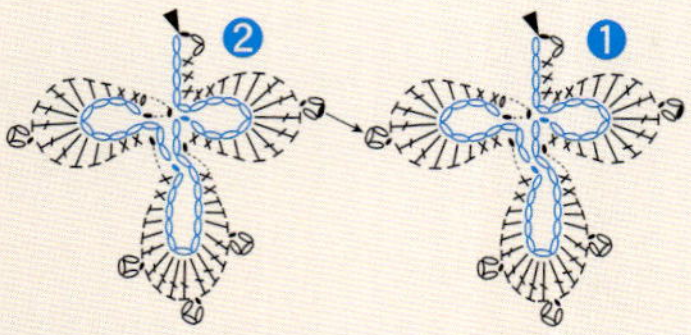

●钩织引拔针连接

1 钩织第2片花片，钩织至和第1片花片连接的位置。

2 钩针从正面插入第1片花片的连接针目。

3 钩针挂线，钩织引拔针。

4 继续钩织第2片花片。钩织引拔针连接完成。

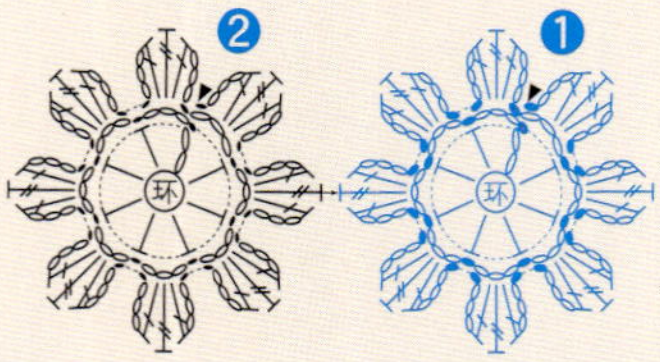

●钩针先退出针目再钩织连接

1 钩织第2片花片，钩织至和第1片花片连接的位置。

2 钩针先退出第2片花片的针目，从正面插入第1片花片的连接针目。

3 钩针穿回之前退出的针目，引拔。右图为继续钩织完成下一针目的样子。

4 继续钩织第2片花片。花片完成连接。

Point lesson 要点教程

后扣装饰领 图片 p.38 制作方法 p.84

●在线材上穿珠子的方法

使用穿珠针穿珠子

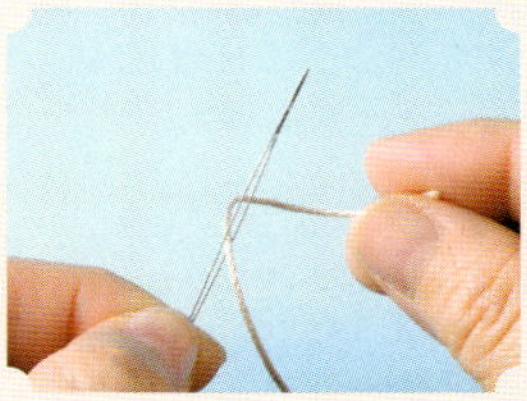

1 将钩织所用的线穿过穿珠针中间的开口。

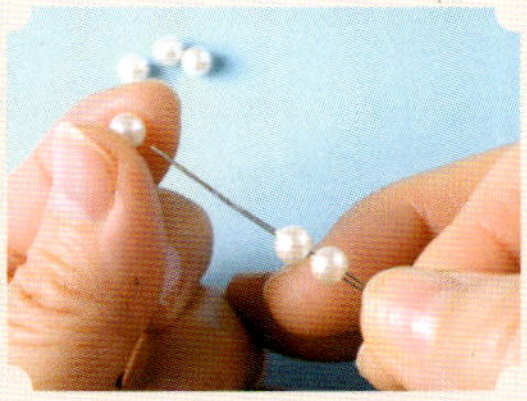

2 用穿珠针穿上珠子。

直接在线材上穿珠子

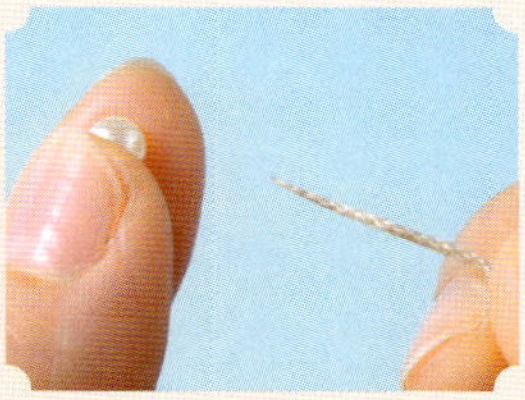

将线一端剪成尖角，涂上2~3cm长的黏合剂。稍稍干燥后搓尖，直接用来穿上珠子。

连接线材穿珠子

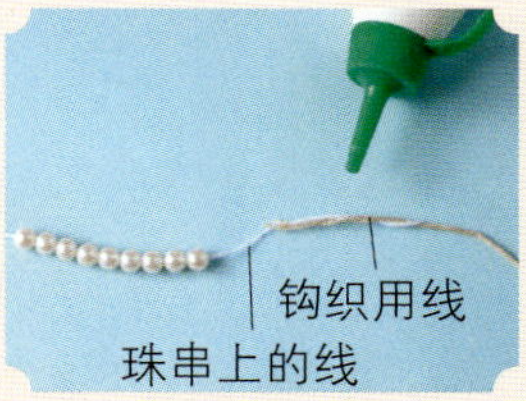

使用市售的成串的珠子时，先将钩织用线的线头捻松，和珠串上的线捻在一起，涂上黏合剂。黏合剂干透后移动珠子，串到钩织用的线上。

●钩织时加入珠子的方法 ※钩织时珠子加在织物的背面

钩织锁针时加入1颗珠子 ○

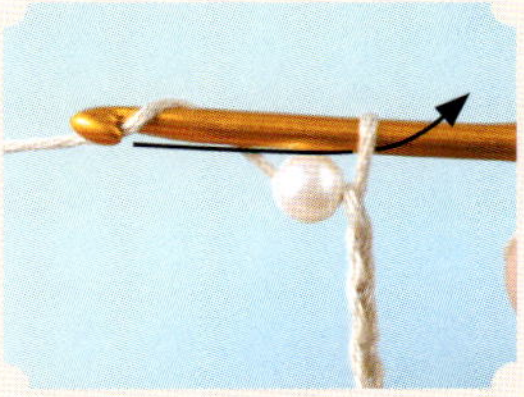

1 将珠子贴近钩织针目，钩针挂线，沿箭头方向引拔。右图为引拔完成的样子。

2 继续钩织锁针。这是在其中1针锁针的背面加入1颗珠子的效果。

3 将珠子贴近钩织针目，钩针挂线，沿箭头方向引拔。右图为引拔完成的样子。

4 继续钩织短针。这是在其中1针短针的背面加入1颗珠子的效果。

钩织短针时加入1颗珠子 ×

1 钩织至加入珠子的前一针。

2 钩针插入针目，挂线引拔。

装饰领风格项链 图片 p.39 制作方法 p.85

●圆环的安装方法

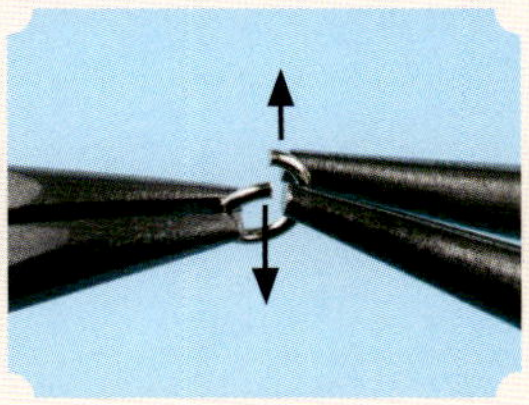

1 用尖嘴钳夹住圆环开口的左右两端，沿箭头方向，将圆环前后打开。

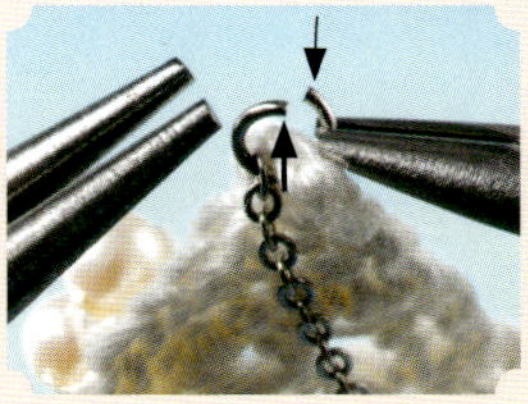

2 把打开的圆环穿过织物和链子，沿箭头方向（即与步骤*1*相反的方向闭合圆环）。右图为圆环安装完成的样子。

Material guide

本书中使用的线材

（图片为实物粗细）

1
2
3
4
5
6
7
8
9
10

奥林巴斯

1 Emmy Grande 适用钩针：蕾丝钩针0号至钩针2/0号
100%棉。50g一团约218m，全64色；100g一团约436m、全8色

2 Emmy Grande（Herbs） 适用钩针：蕾丝钩针0号至钩针2/0号
100%棉。20g一团约88m，全18色

3 金票40号蕾丝线 适用钩针：蕾丝钩针6~8号
100%棉。10g一团约89m，全49色；50g一团约445m，全49色；100g一团约890m，全1色（白色）

4 Souffle（细） 适用钩针：钩针3/0~4/0号
100%棉。25g一团约123m，全10色

5 Cotton Cuore（金属丝） 适用钩针：钩针3/0~4/0号
97%棉（埃及棉）、3%聚酯纤维。30g一团约118m，全10色

DMC

6 Cébélia 10号 适用钩针：蕾丝钩针2~0号
100%棉。50g一团约270m，全39色（基础色9色、彩色30色）

7 Cébélia 30号 适用钩针：蕾丝钩针6~4号
100%棉。50g一团约540m，全39色（基础色9色、彩色30色）

和麻纳卡

8 Wash Cotton（Crochet） 适用钩针：钩针3/0号
64%棉、36%聚酯纤维。25g一团约104m，全33色

9 Paume（无垢棉）Crochet 适用钩针：钩针3/0号
100%棉（纯有机棉）。25g一团约107m，全1色

横田DARUMA

10 蕾丝线30号 葵 适用钩针：蕾丝钩针2~4号
100%棉（比马棉）。25g一团约145m，全21色

线材的介绍里分别表示线材名、适用钩针、材料、质量和长度、颜色数量。
线材的详情为2023年5月的商品情况。
印刷品和实物可能存在颜色差异，请以实物为准。

作品制作方法

拿出衣橱中最普通的衣服，调整好合适的领围尺寸，
亲手钩织的装饰领就能让这一件毫不起眼的衣服重放光彩。

这可是世界上独一无二的款式。

一起来钩织属于自己的独特的作品吧。

花朵装饰领

成品图p.4　p.5

●**使用材料**

线：DMC Cébélia 10号 米白色（3865）25g

其他：直径11mm的纽扣（白色）1颗

钩针：蕾丝钩针4号

完成尺寸：参照图示

●**钩织方法**

1　主体钩193针锁针起针，按照图解钩织12行花样。继续沿主体一周钩织1行边缘，断线。

2　按照图解在右前侧加线，钩织扣环后继续钩织第2行边缘，接着再在左前侧钩织贴边布，钩织3行。

3　按照图解，分别钩织指定数量的花朵A、花朵B、叶片A、叶片B，缝在主体上。

4　在贴边布上缝纽扣。

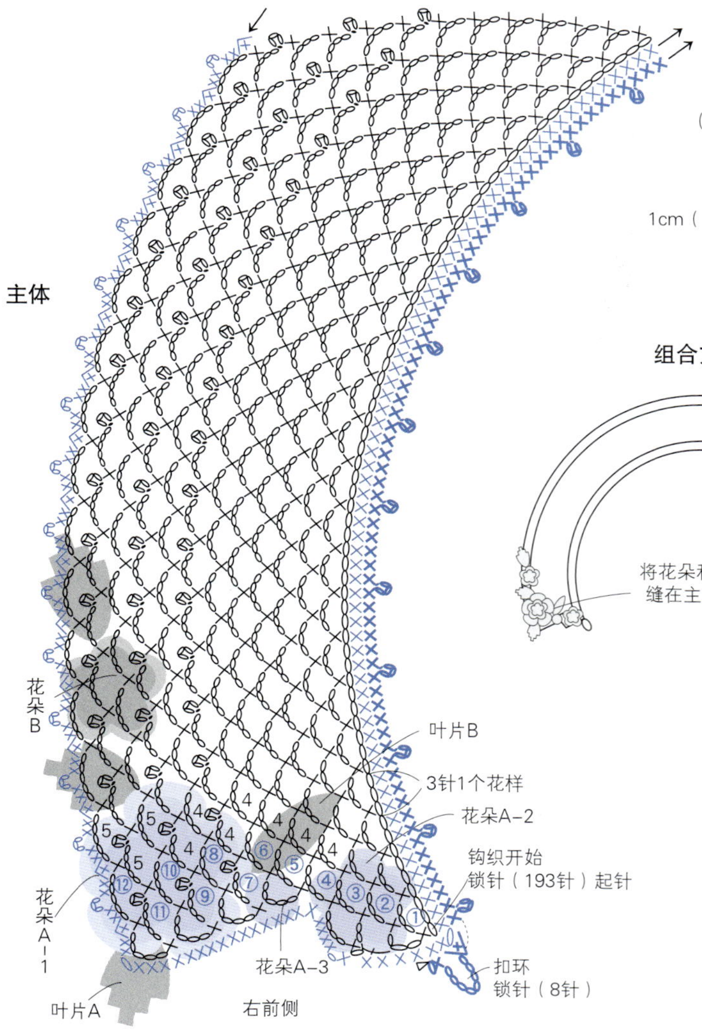

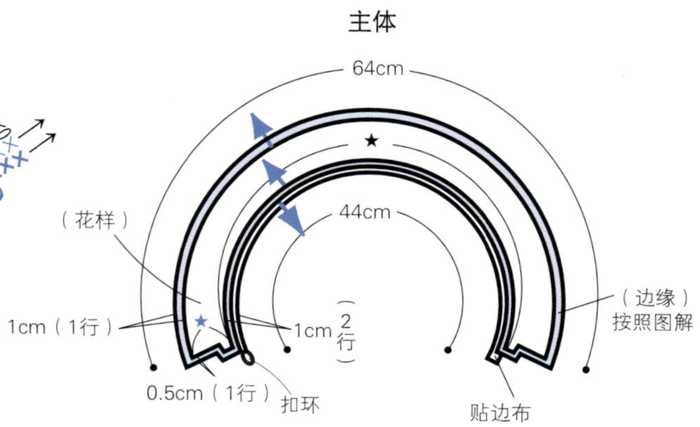

★＝锁针193针（3针×64个花样+1针）起针

★＝4.5cm（12行）

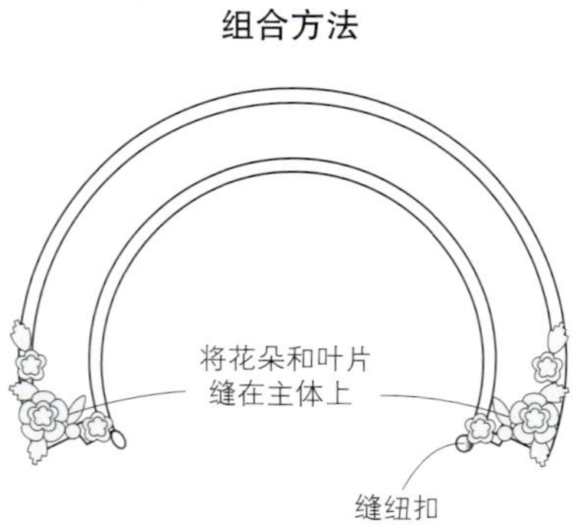

＝1针放3针短针棱针

＝短针棱针

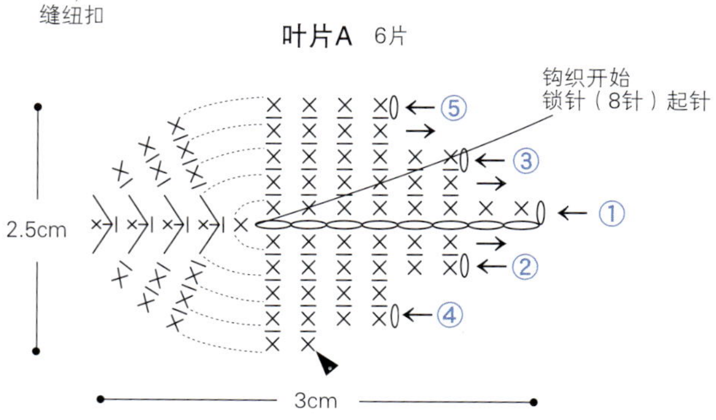

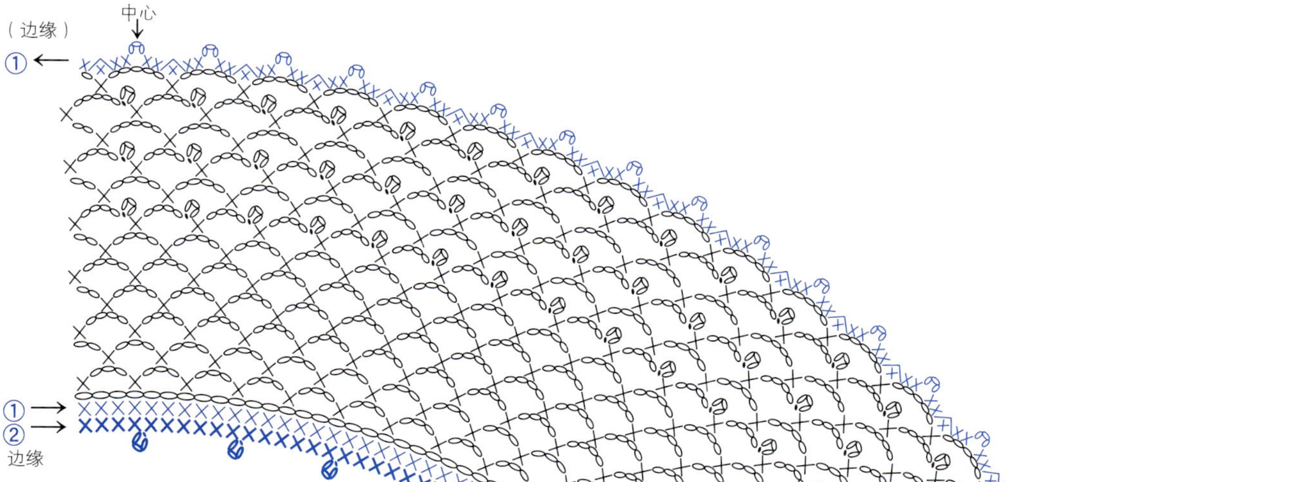
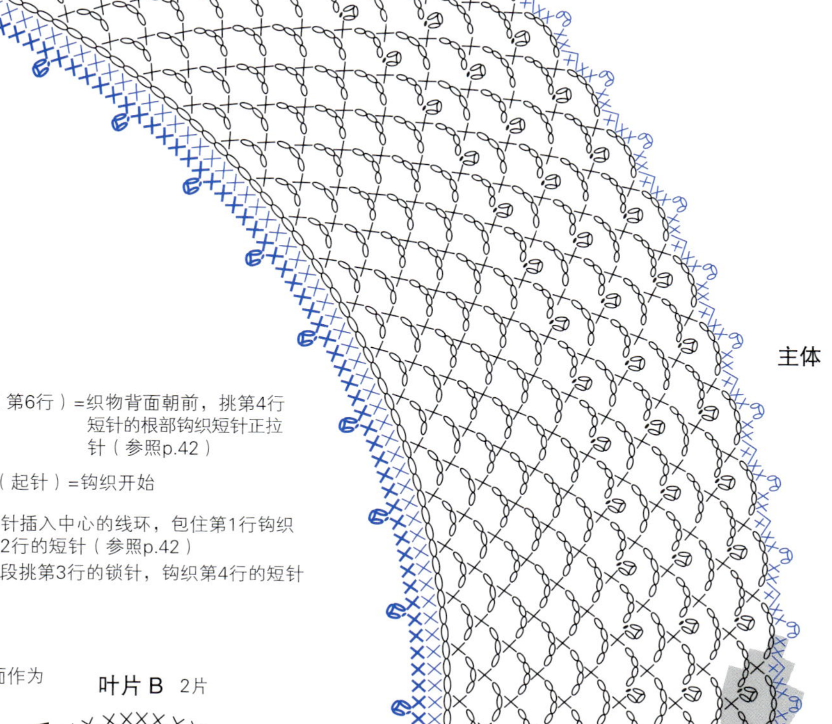
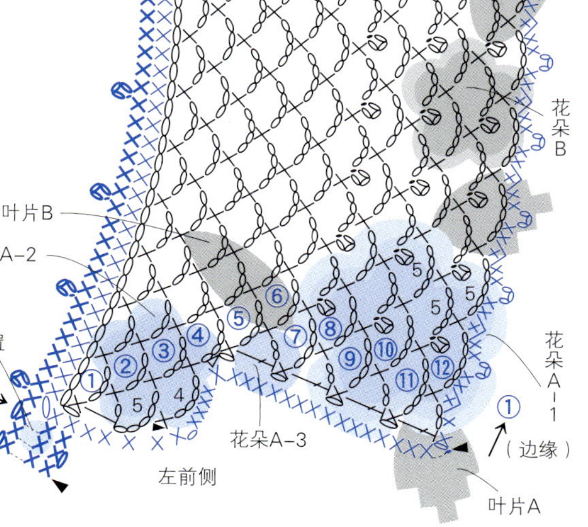

花朵 A

A-1…2片
A-2…2片
A-3…2片

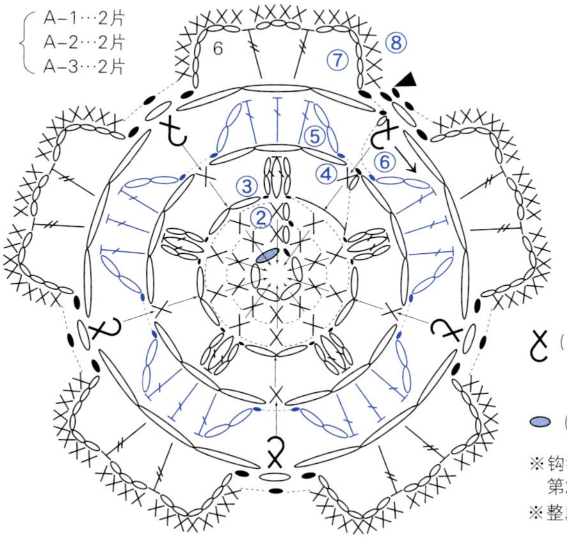

（第6行）=织物背面朝前，挑第4行短针的根部钩织短针正拉针（参照p.42）

（起针）=钩织开始

※钩针插入中心的线环，包住第1行钩织第2行的短针（参照p.42）

※整段挑第3行的锁针，钩织第4行的短针

A-1…钩织至第8行 4.5cm

A-2…钩织至第5行 2.7cm

A-3…钩织至第2行 1.2cm ※仅花朵A-3将织物背面作为正面使用

叶片 B 2片

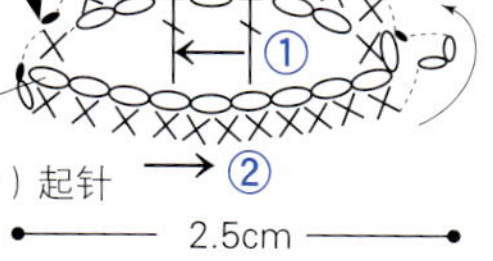

花朵 B 2片

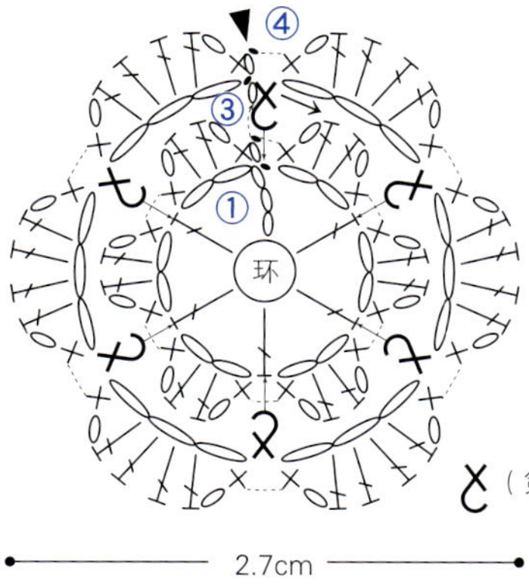

（第3行）=织物背面朝前，挑第1行长针的根部（第1处为立织锁针）钩织短针正拉针（参照p.42）

蔷薇花装饰领Ⅱ

成品图p.7

● **使用材料**

线：DMC Cébélia 10号 象牙白色（ECRU） 20g

其他：直径10mm的纽扣（白色） 1颗

钩针：蕾丝钩针2号

完成尺寸：参照图示

● **钩织方法**

1 主体钩165针锁针起针，按照图解钩织8行花样，在10个花样位置进行加针。继续钩织边缘，背面朝前钩织1行，再正面朝前钩织1行，钩织过程中在图示位置钩织扣环。

2 按照图解分别钩织指定数量的花朵、小花和叶片，先把花朵和叶片组合起来。

3 把花朵缝在主体上，再缝上纽扣。

主体

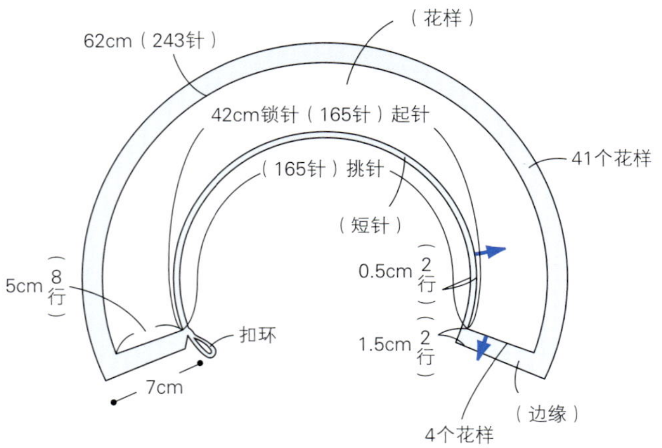

组合方法

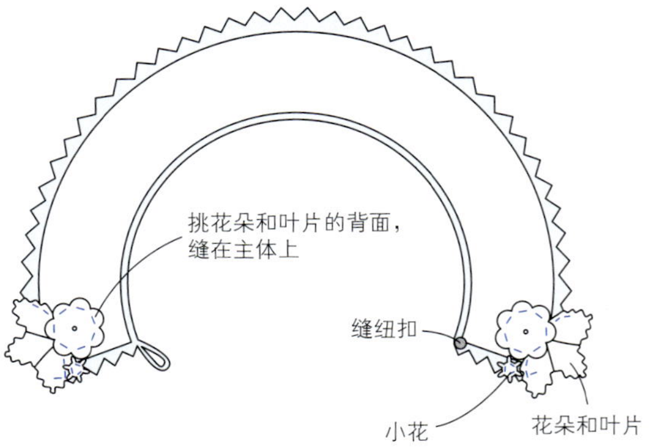

叶片 6片

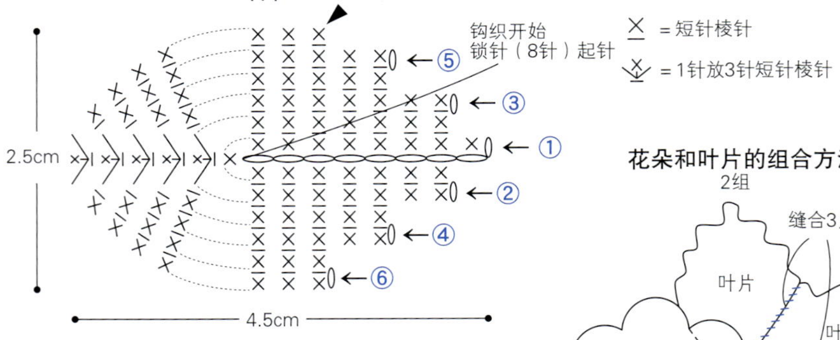

花朵 2片

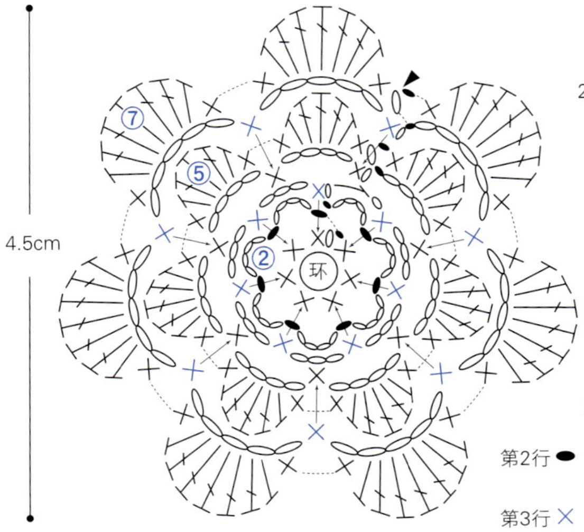

花朵的钩织方法

第2行 ● = 挑第1行短针针目的下半针，钩织引拔针

第3行 × = 挑第1行的剩余半针，钩织短针

第6行 × = 挑第4行短针背面根部的2根线钩织

小花 2片

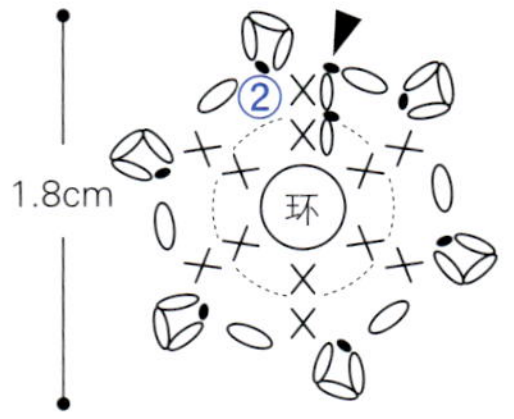

花朵和叶片的组合方法

2组

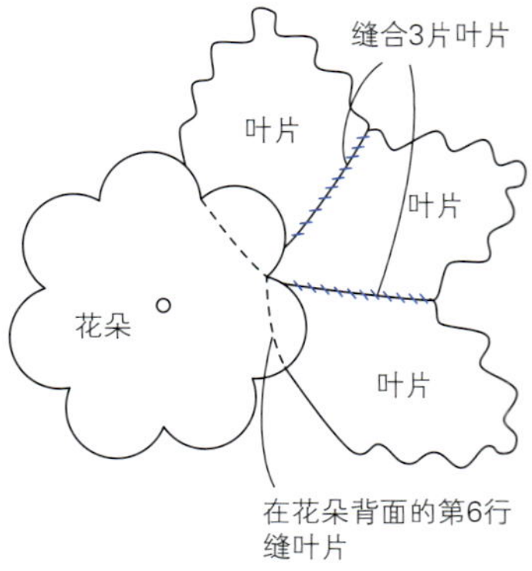

主体

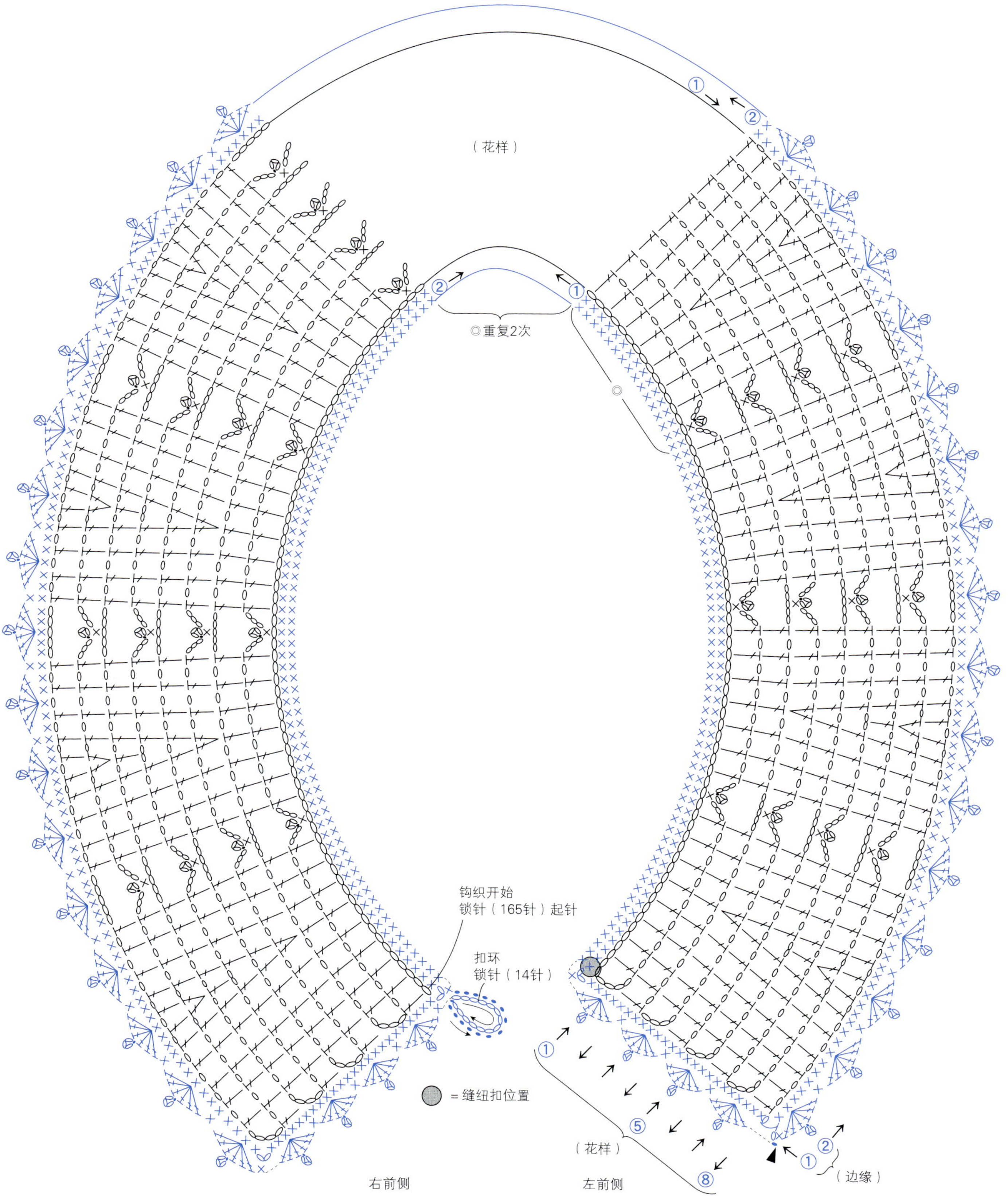

花与叶装饰领

成品图p.8　p.9

●使用材料

线：和麻纳卡Paume（无垢棉）Crochet 原白色（1）30g

其他：直径12mm的纽扣（白色）1颗

钩针：钩针3/0号

完成尺寸：参照图示

●钩织方法

1　先钩织8片叶片。接着钩织7片花朵，钩织过程中与叶片连接起来。

2　边缘钩121针锁针起针，按照图解钩织第1行，钩织第2行时连接花朵和叶片。在右前侧钩织扣环，继续钩织边缘的第3行。

3　在左前侧的边缘缝上纽扣。

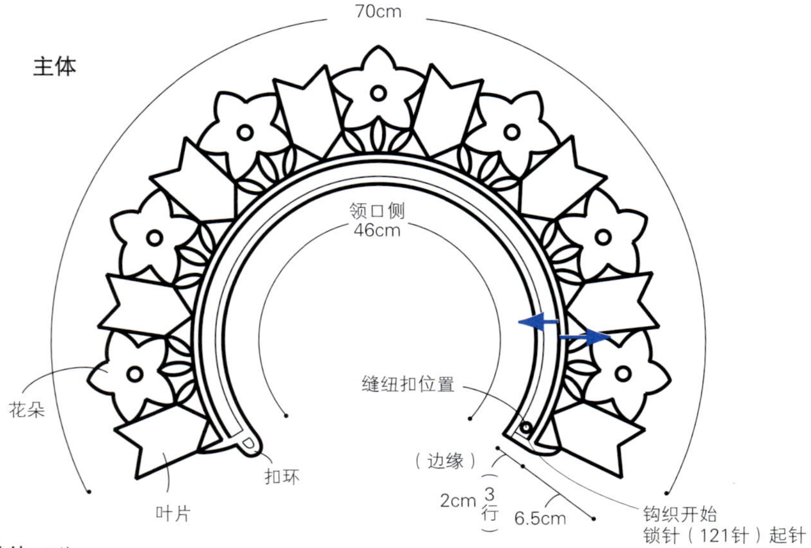

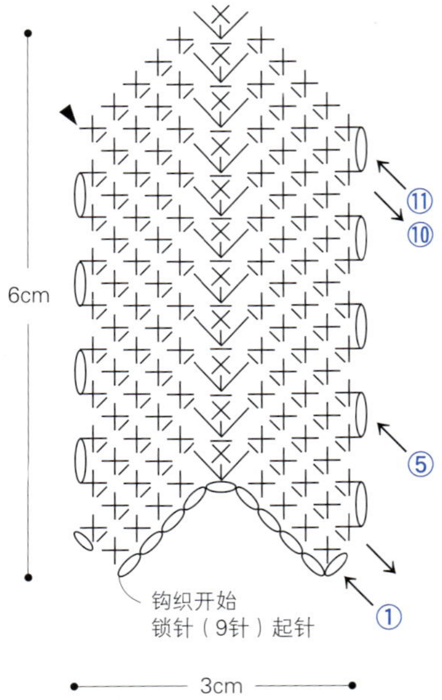

※参照p.53的图解
连接叶片和花朵

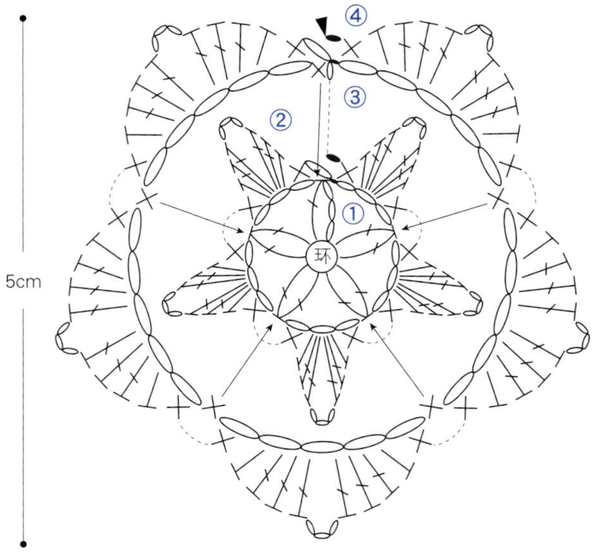

× = 短针棱针

× = 1针放3针短针棱针

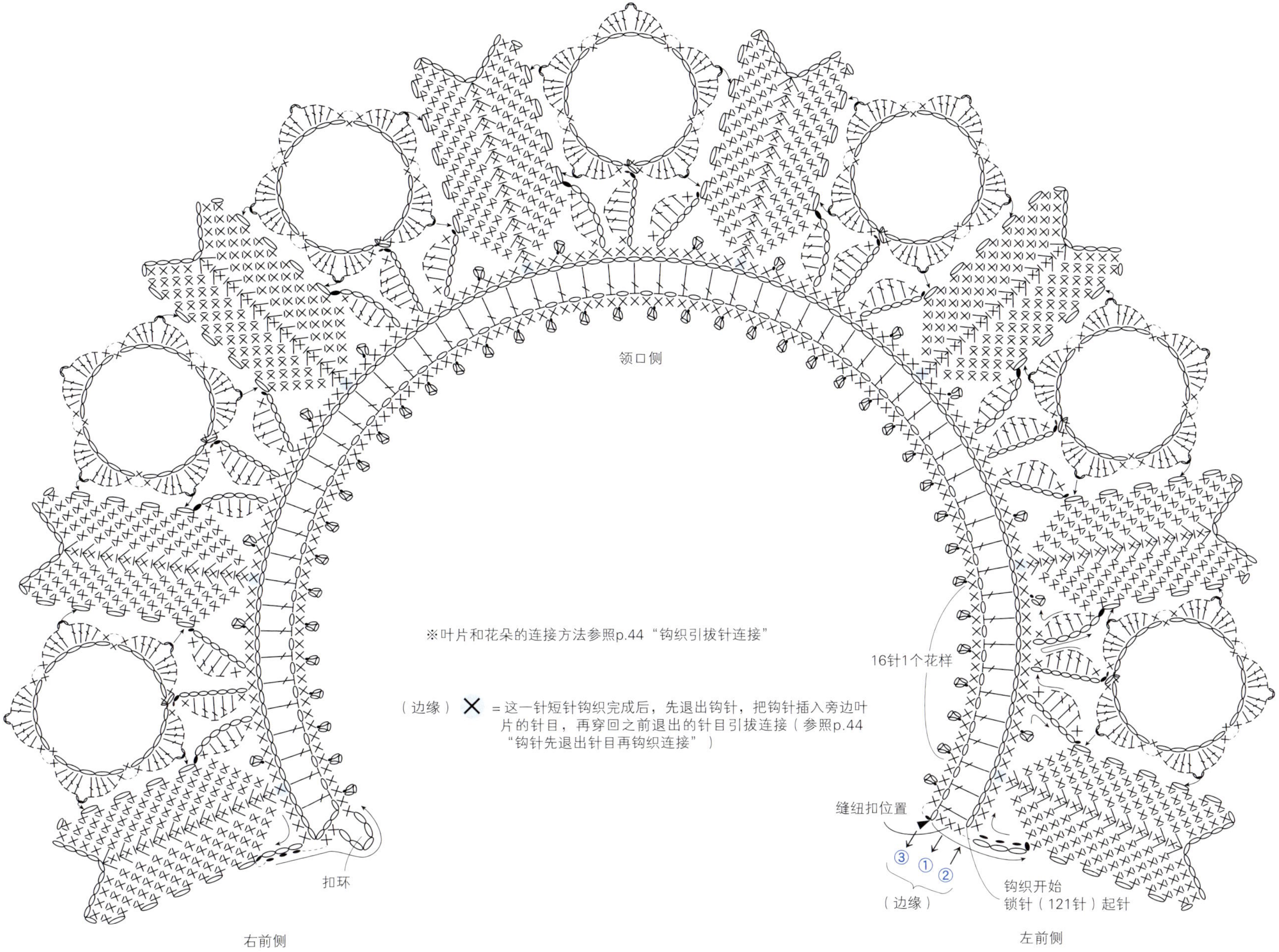

※叶片和花朵的连接方法参照p.44“钩织引拔针连接”

（边缘）✕ = 这一针短针钩织完成后，先退出钩针，把钩针插入旁边叶片的针目，再穿回之前退出的针目引拔连接（参照p.44“钩针先退出针目再钩织连接”）

果实与叶片装饰领

成品图p.10

●使用材料

线：奥林巴斯Emmy Grande（Herbs） 象牙白色（732） 30g

钩针：蕾丝钩针0号

完成尺寸：参照图示

●钩织方法

1 按照①~⑯的顺序，从装饰领的后侧中心开始钩织连接叶片A、B、C，对称的位置按照❶~❻、❽~⓰的顺序，同样从后侧中心开始钩织连接。

2 按照a~g、a~h的顺序，在叶片中间钩织连接15个果实。

3 扣环做法：钩13针锁针起形成线圈，再钩织1行引拔针。

4 以钩织果实同样的方法钩织纽扣的第1、2行，第3行仅在需要和主体连接的位置钩织狗牙拉针。

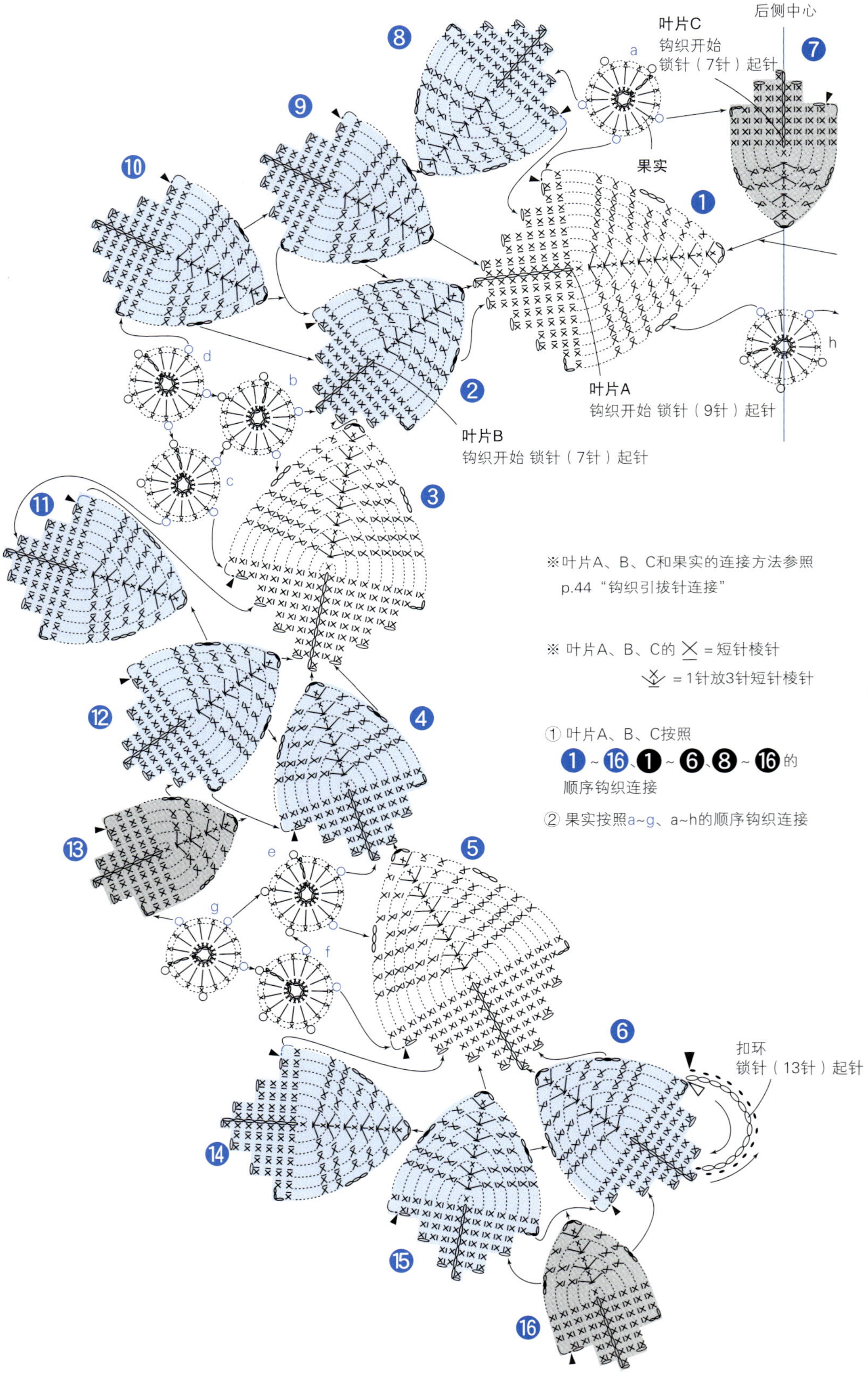

※叶片A、B、C和果实的连接方法参照p.44“钩织引拔针连接”

※ 叶片A、B、C的 X = 短针棱针

X̌ = 1针放3针短针棱针

① 叶片A、B、C按照①~⑯、❶~❻、❽~⓰的顺序钩织连接

② 果实按照a~g、a~h的顺序钩织连接

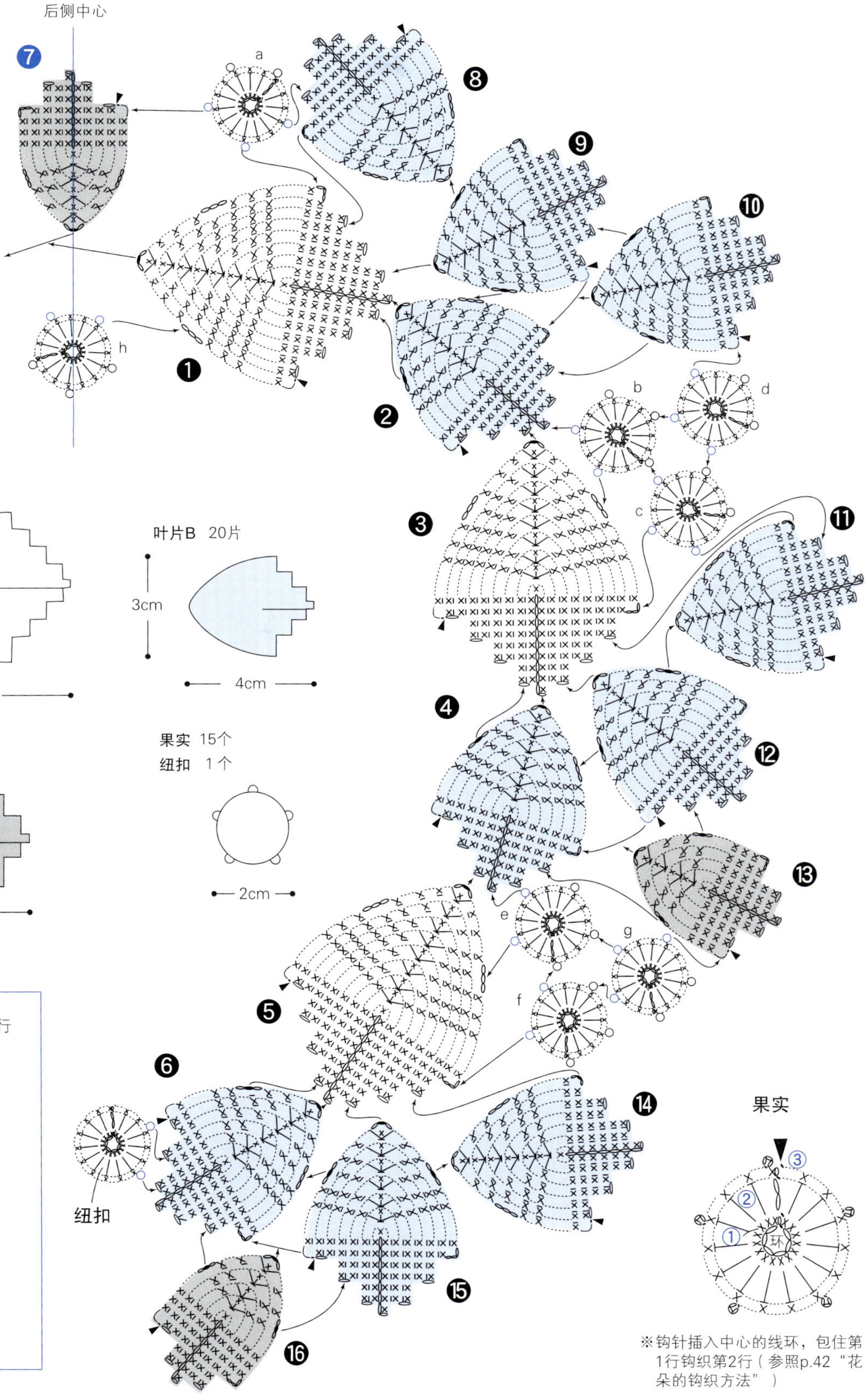

叶片A 6片

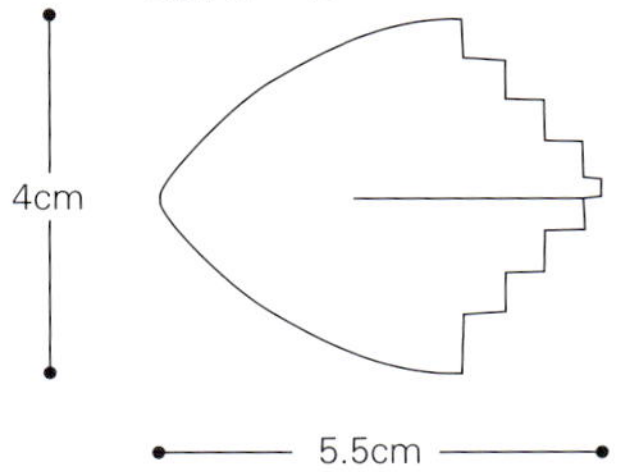

叶片B 20片

3cm
4cm

叶片C 5片

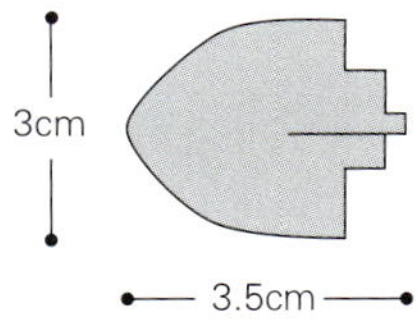

果实 15个
纽扣 1个

2cm

叶片A、B、C的最后一行

果实的第3行

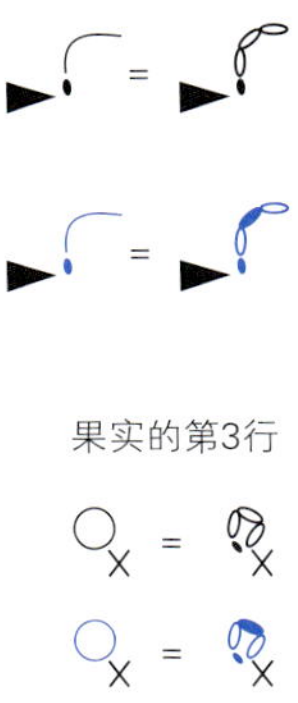

果实

3
2
1
环

※钩针插入中心的线环，包住第1行钩织第2行（参照p.42“花朵的钩织方法”）

葡萄果实与玫瑰装饰领

成品图p.11

●使用材料

线：奥林巴斯Emmy Grande 米白色（851） 25g

钩针：蕾丝钩针2号

完成尺寸：参照图示

●钩织方法

1 主体钩142针锁针起针，按照图解钩织6行花样A，左右两侧各空出5.5格。在指定位置加线，挑36格钩织6行花样B。

2 在花样A的两端和起针一侧钩织边缘，在指定位置钩织扣环。

3 按照图解，分别钩织指定数量的玫瑰、葡萄果实、叶片A、叶片B和纽扣。

4 按照组合图示，在装饰领的两端缝上各花片，和主体重叠的位置使用锁缝。

5 在左前侧的边缘缝纽扣。

组合方法

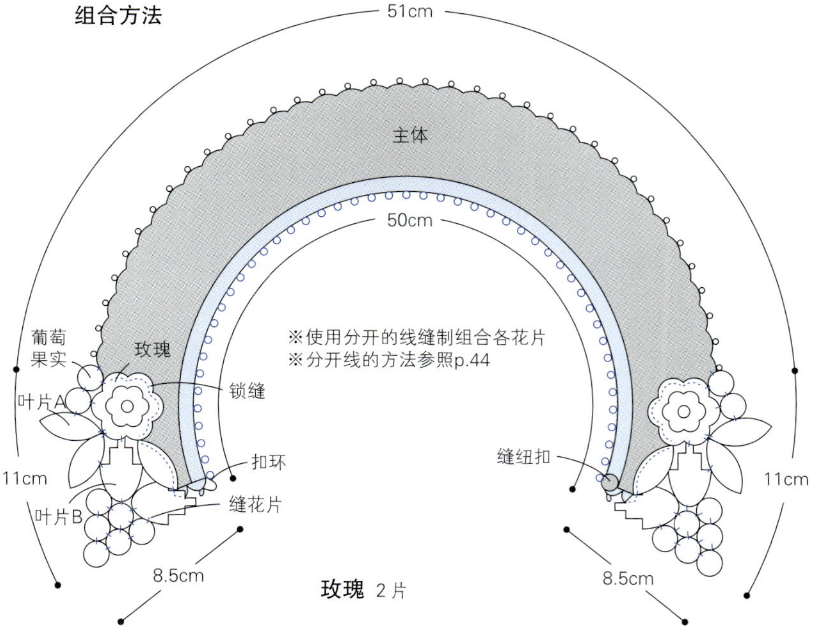

葡萄果实 16个

纽扣 1个

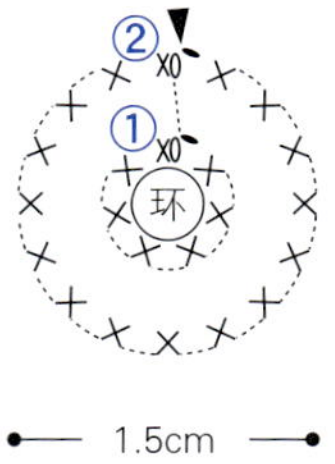

※钩针插入中心的线环，包住第1行钩织第2行（参照p.42）

※葡萄果实的制作方法参照p.43 纽扣的制作方法参照p.44

叶片A 6片

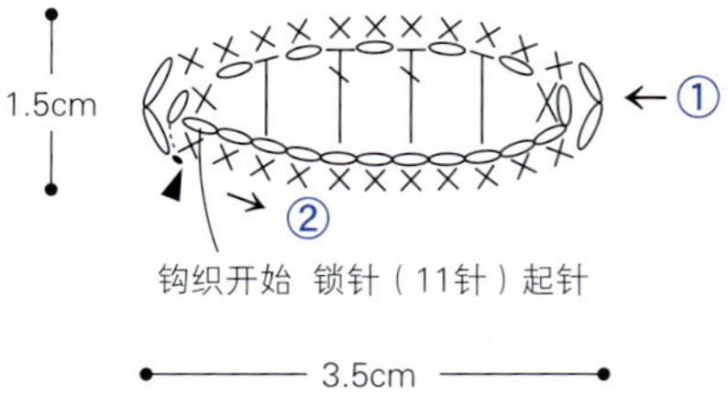

玫瑰 2片

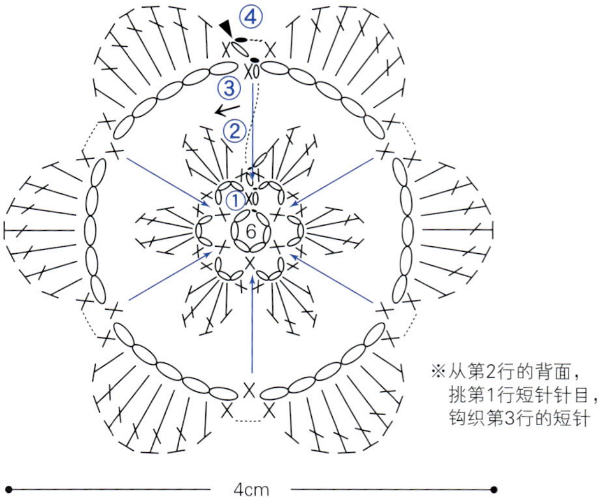

X ＝短针棱针

＝1针放3针短针棱针

叶片B 4片

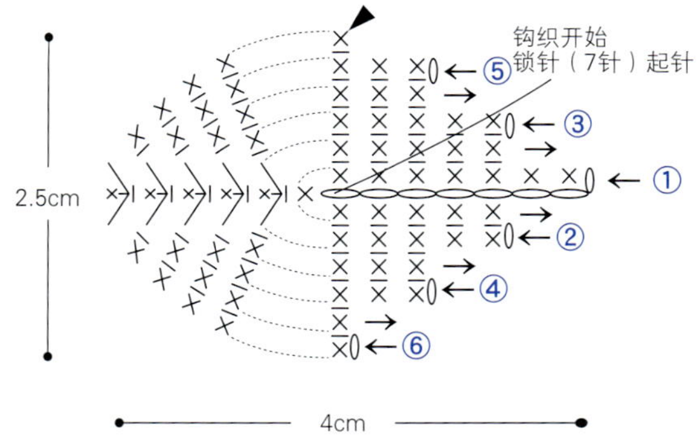

主体

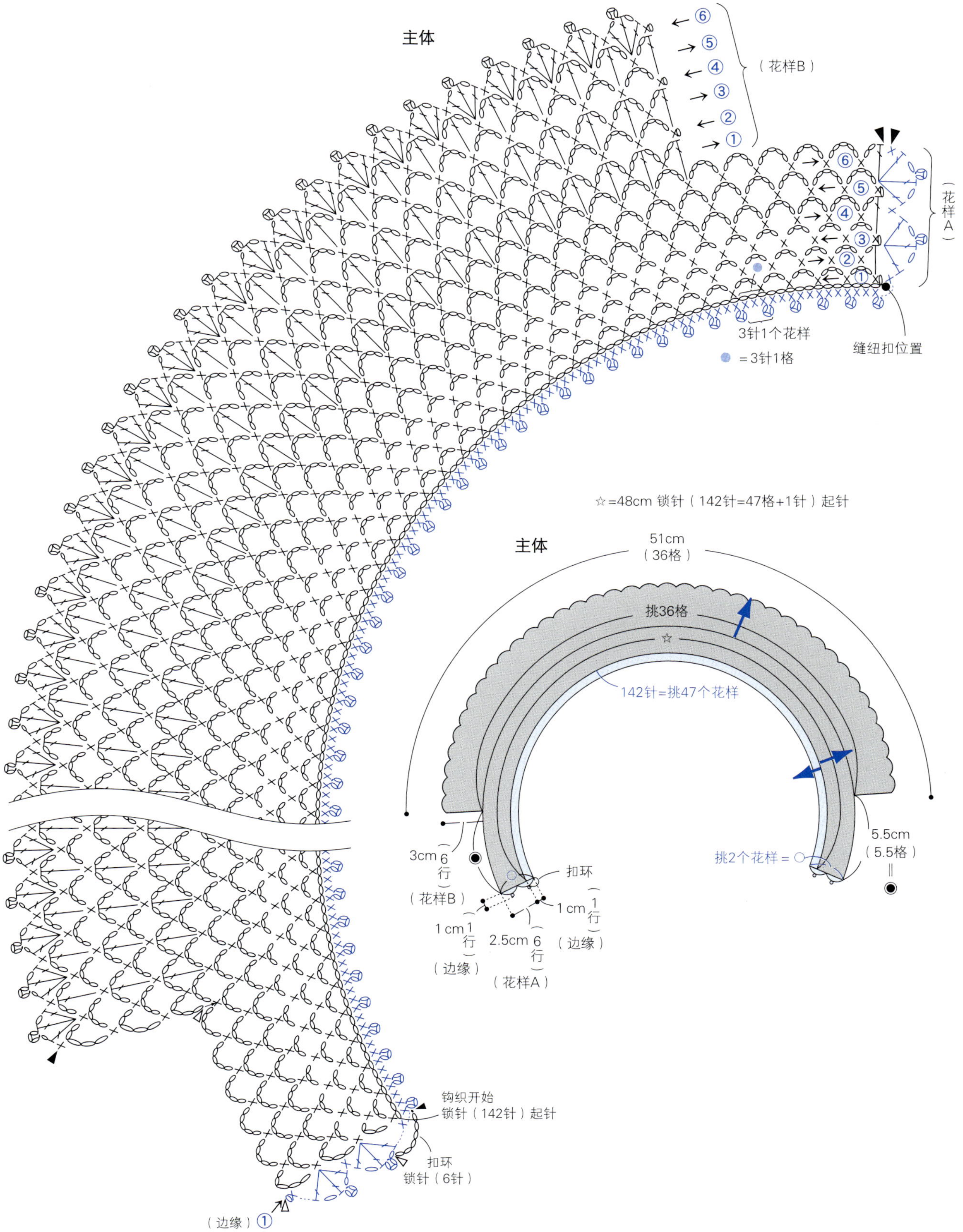

☆=48cm 锁针（142针=47格+1针）起针

荷叶边装饰领

成品图p.12

●使用材料

线：奥林巴斯Emmy Grande 米白色（851）30g

其他：TOHO 圆形珍珠 4mm 米白色（No.201）2颗

钩针：蕾丝钩针0号

完成尺寸：参考图示

●钩织方法

1 主体钩200针锁针起针，按照图解钩织6行花样。加线钩织边缘。

2 线头留出约380cm长，钩织抽绳一端的装饰，接着钩织抽绳，完成后继续钩织另一端的装饰。按照图解，把抽绳穿过主体边缘的第1行。

3 在抽绳两端的装饰上缝珍珠。

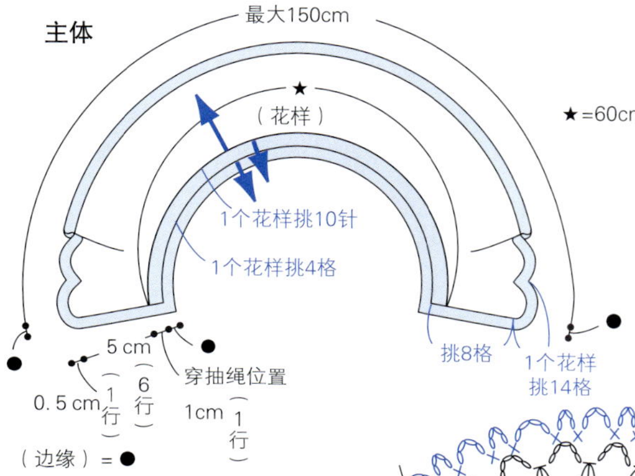

★=60cm 锁针（200针=20个花样）起针

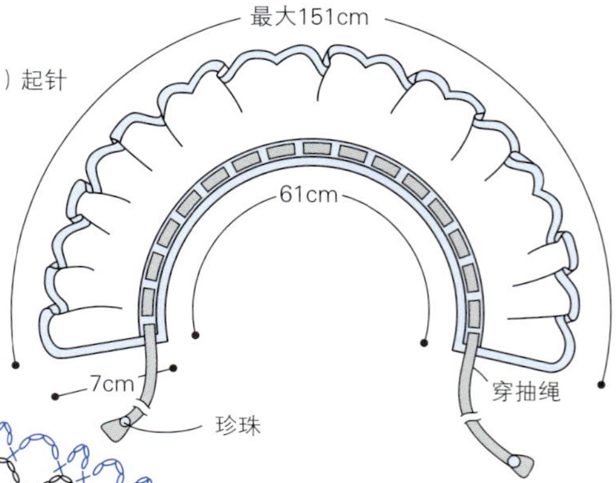

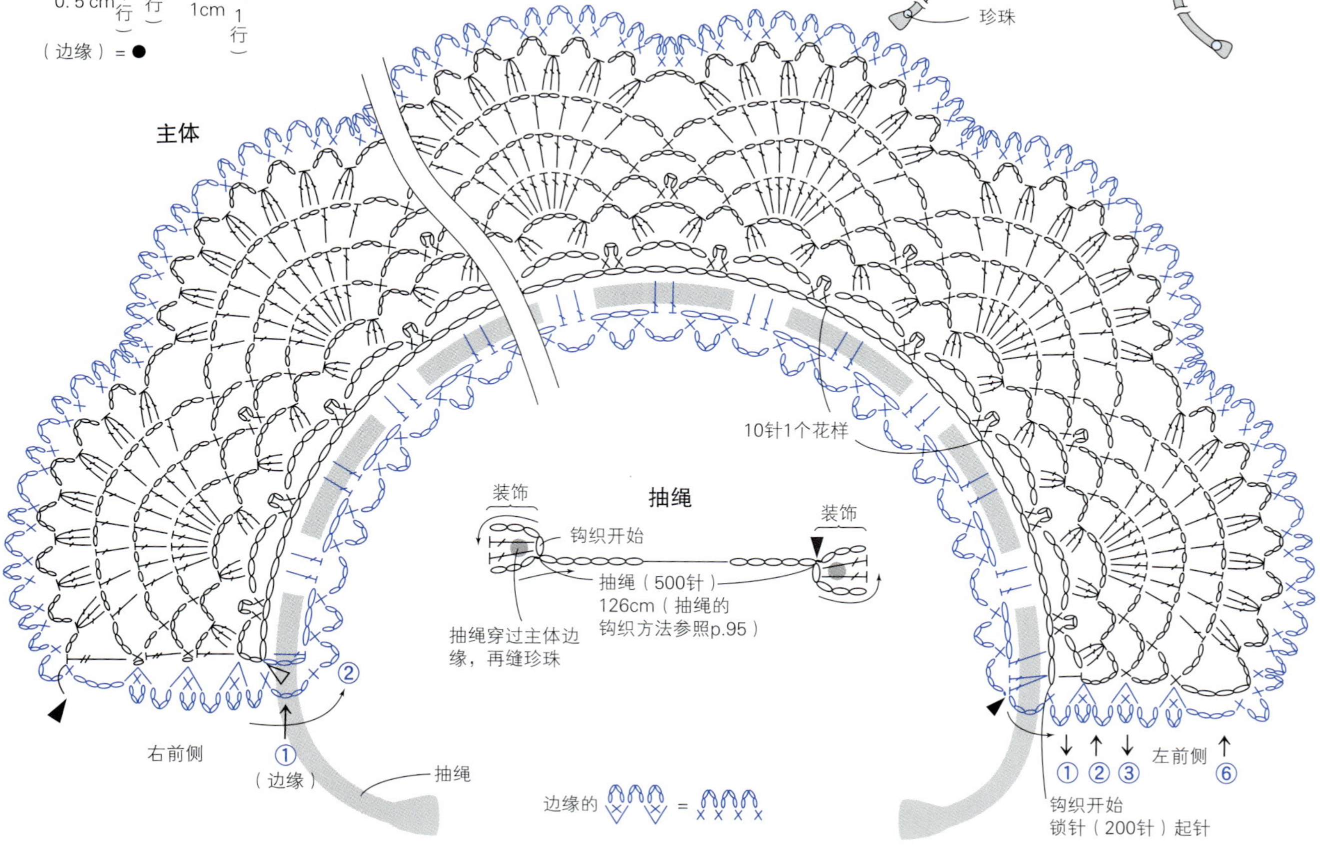

黑色边装饰领

成品图p.13

●使用材料

线：和麻纳卡Wash Cotton（Crochet）原白色（102）20g 黑色（120）5g

其他：直径10mm的纽扣（白色）1颗

钩针：钩针3/0号

完成尺寸：参照图示

●钩织方法

1 主体使用原白色线，钩161针锁针起针，按照图解钩织6行花样。

2 在右前侧的边缘加原白色线，钩织边缘A的第1行，断线。

3 在右前侧的边缘加黑色线，钩织边缘B的第1、2行，断线。

4 在右前侧的边缘加原白色线，钩织边缘A的第2行，继续钩织边缘B的第3行。

5 在左前侧的边缘缝纽扣。

边缘B放大图

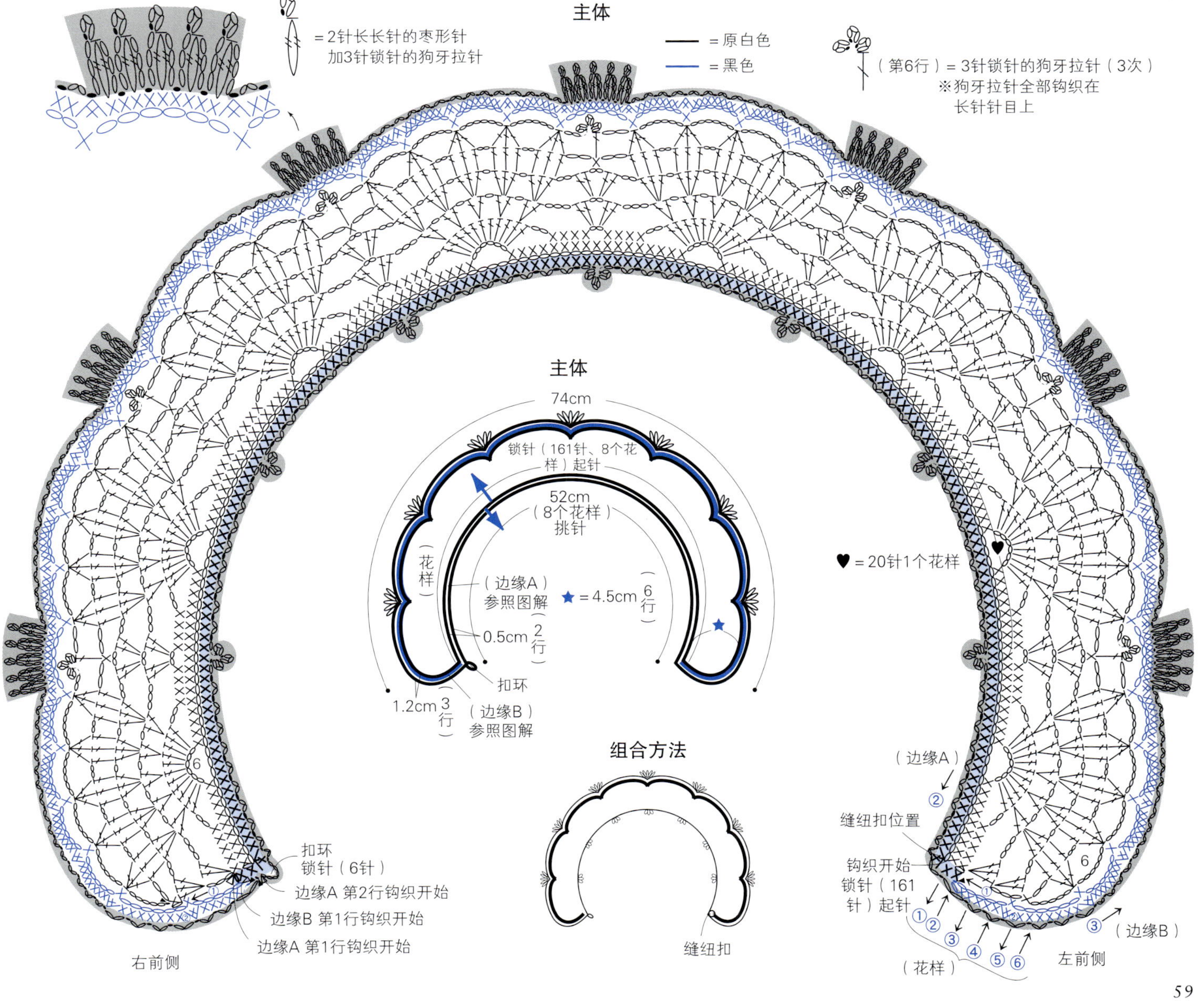

=2针长长针的枣形针加3针锁针的狗牙拉针

主体

— =原白色
— =黑色

（第6行）=3针锁针的狗牙拉针（3次）
※狗牙拉针全部钩织在长针针目上

主体

组合方法

扇形边装饰领 I

成品图p.14

●**使用材料**

线：DMC Cébélia 10号 黑色（310）25g

钩针：蕾丝钩针2号

完成尺寸：参照图示

●**钩织方法**

1 主体钩236针锁针起针，按照图解钩织8行花样。

2 按照图解钩织边缘，从主体左前侧的边缘开始，第1行钩织一圈短针。继续钩织左前侧、右前侧和外侧的第2行。

3 系绳钩85针锁针起针，按照图解钩织2根。

4 在主体两端缝系绳。

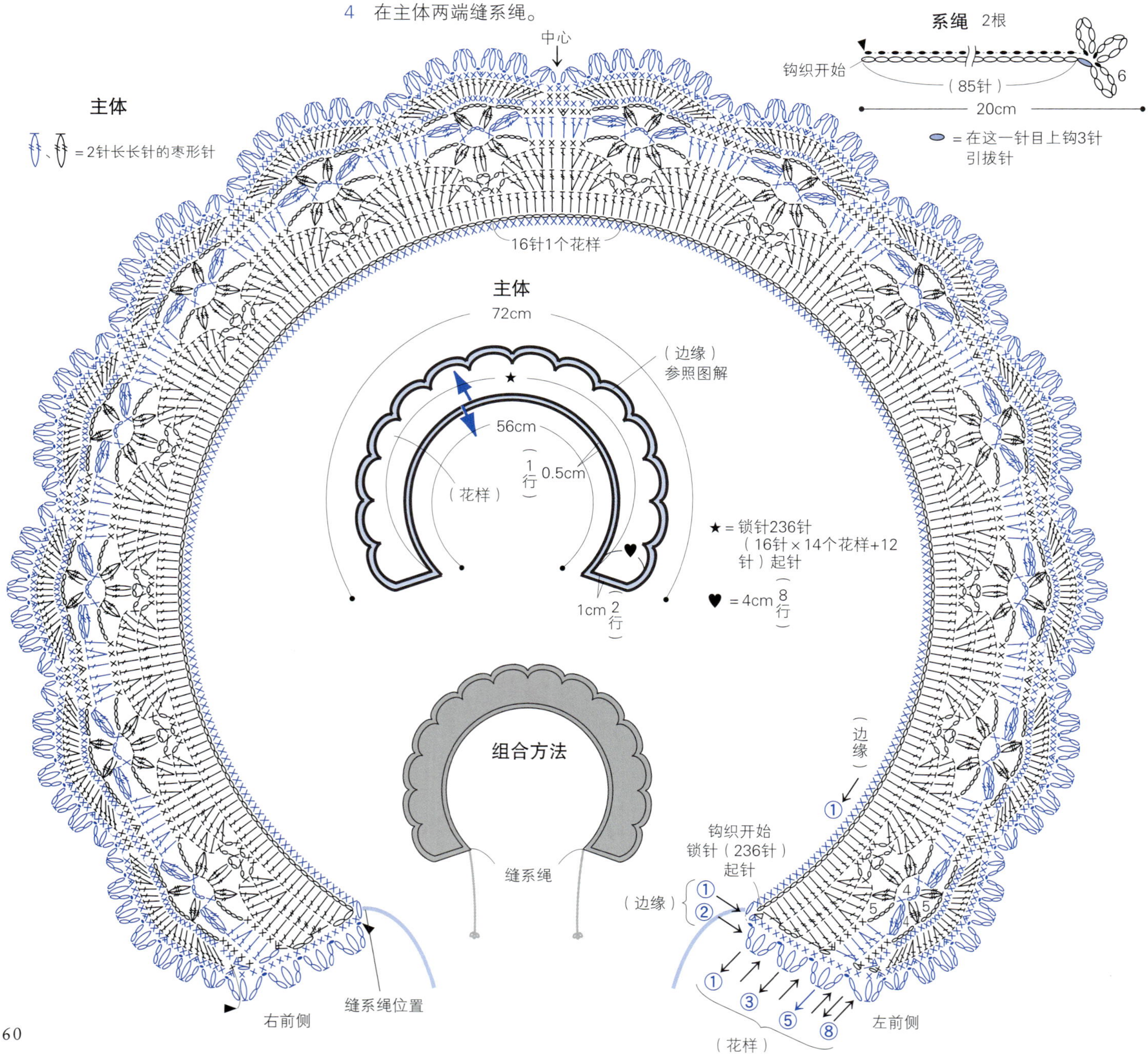

扇形边装饰领Ⅱ

成品图p.15

●使用材料

线：DMC Cébélia 10号 象牙白色（ECRU）20g

其他：直径8mm的珍珠纽扣（米白色）1颗

钩针：蕾丝钩针2号

完成尺寸：参照图示

●钩织方法

1 主体钩188针锁针起针，按照图解钩织8行花样。

2 按照图解钩织边缘，从主体左前侧的边缘开始，第1行钩织一圈短针。继续钩织左前侧和外侧的第2行，接着钩织右前侧和右前侧边缘的扣环。

3 在左前侧的边缘缝纽扣。

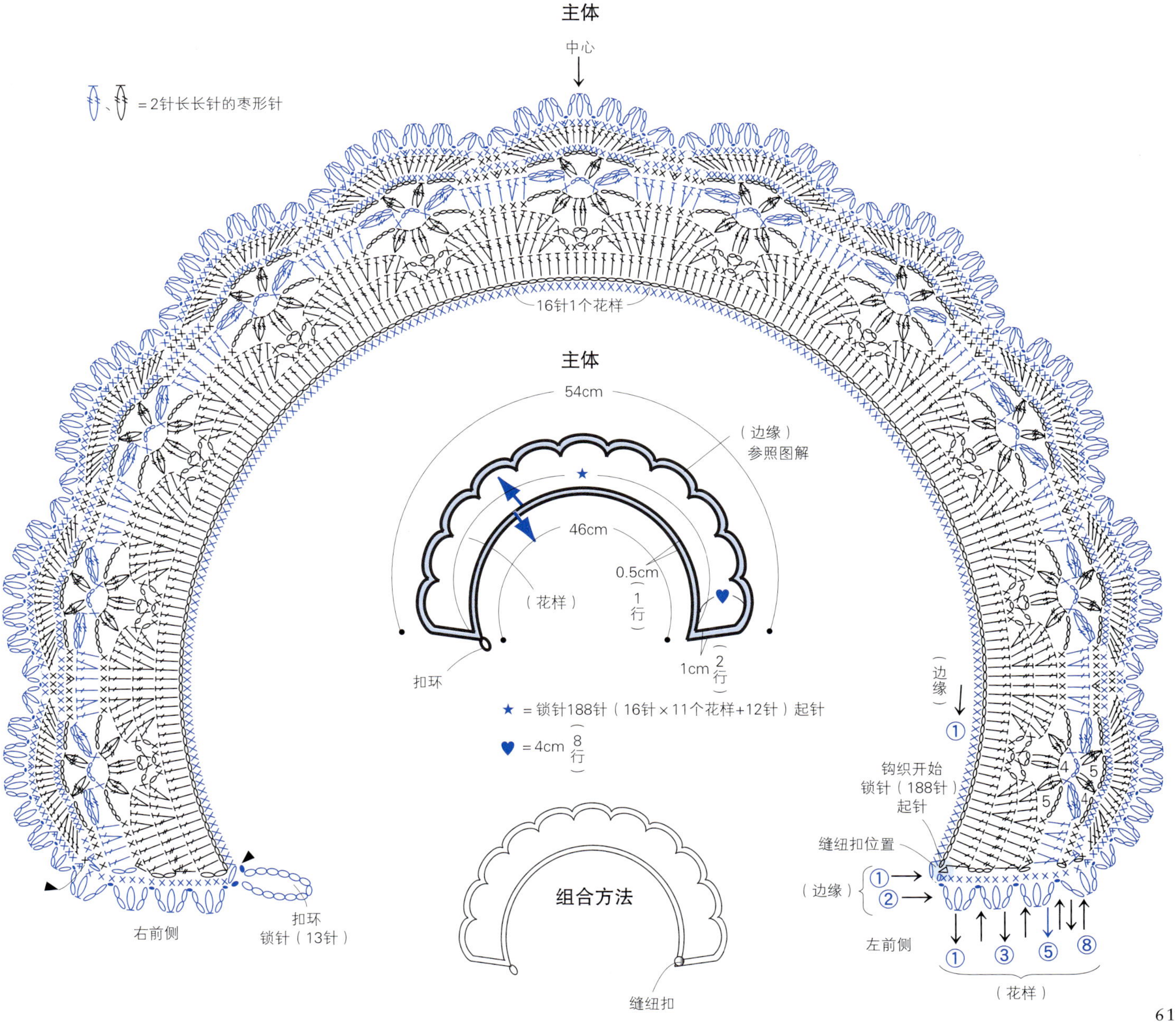

双层装饰领 I

成品图p.16

● **使用材料**

线：DMC Cébélia 10号 原白色（712）20g 象牙白色（ECRU）5g

其他：直径11mm的纽扣（白色）1颗

钩针：蕾丝钩针2号

完成尺寸：参照图示

● **钩织方法**

1 主体A钩163针锁针起针，按照图解钩织13行花样A。

2 主体B钩160针锁针起针，按照图解钩织3行花样B。

3 将主体B重叠在主体A上，钩织边缘组合两部分。边缘的第2行钩织短针棱针，在右前侧的边缘钩织扣环。

4 在左前侧缝纽扣。

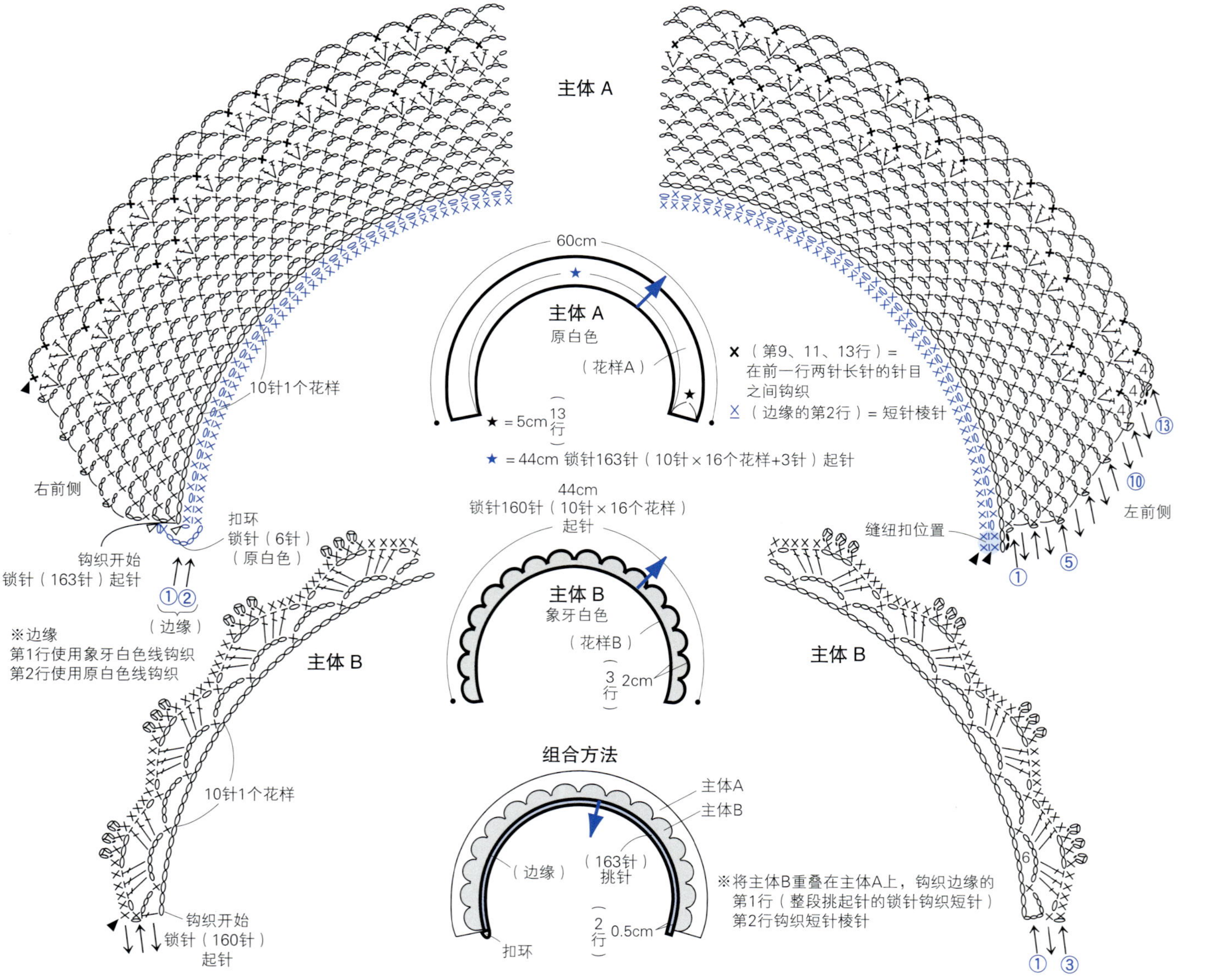

双层装饰领Ⅱ

成品图p.16　p.17

● **使用材料**

线：DMC Cébélia 10号　米黄色（3033）20g

其他：宽6mm的缎带（黑色）100cm

钩针：蕾丝钩针2号

完成尺寸：参照图示

● **钩织方法**

1　主体A钩160针锁针起针，按照图解钩织9行花样A。

2　主体B钩160针锁针起针，按照图解钩织3行花样B。

3　将主体B重叠在主体A上，钩织1行边缘。

4　把缎带穿过重叠的主体A和主体B的第1行。

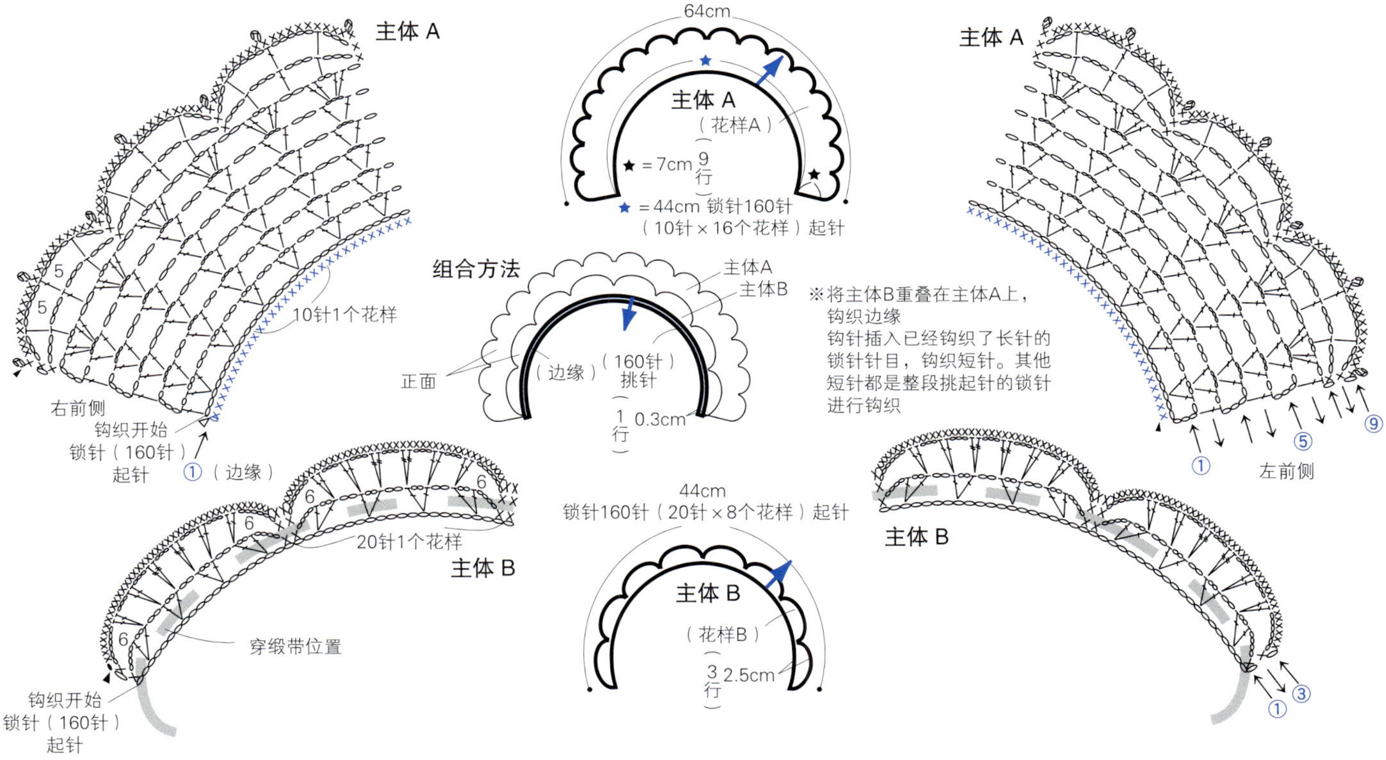

● **重叠2片织物，钩织短针连接的方法**

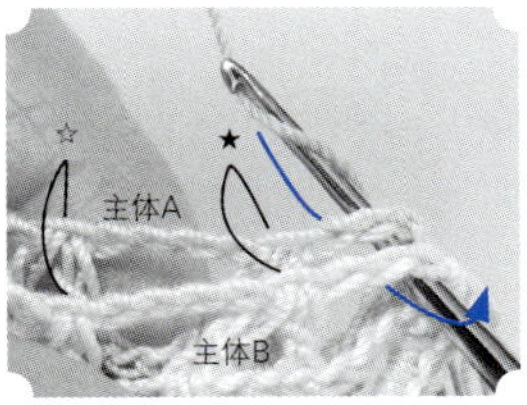

1　重叠主体A和主体B，钩针插入起针的针目，挂线引拔，钩1针锁针作为立织针目。

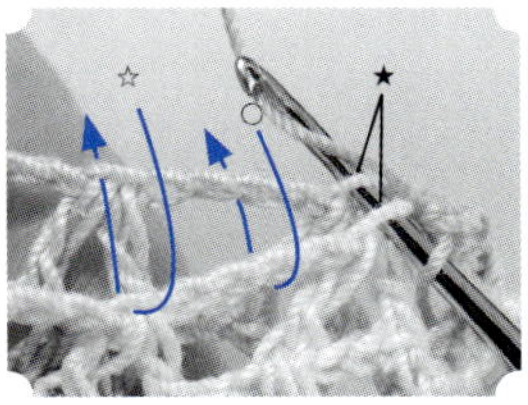

2　整段挑主体A和主体B起针的锁针，钩2针短针，接着在钩织了长针的针目上（★符号）钩1针短针。

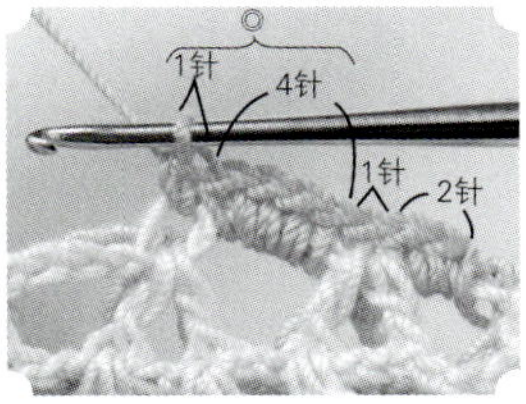

3　沿着步骤*2*的○符号的箭头，整段挑下一格的锁针，钩4针短针。以步骤*2*同样的方法，沿着☆符号的箭头，钩1针短针。重复以上步骤（◎符号内）。

附边缘装饰的装饰领

成品图p.18

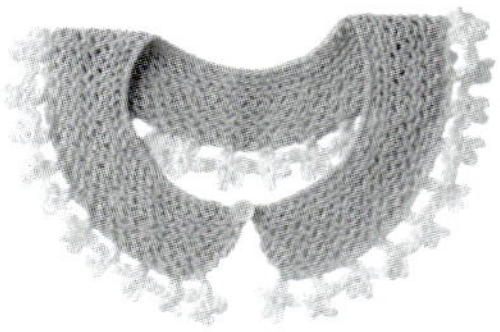

●使用材料

线：奥林巴斯Emmy Grande 米黄色（731） 20g Emmy Grande 原白色（804）5g

其他：直径12mm的纽扣（白色）1颗

钩针：蕾丝钩针2号

完成尺寸：参照图示

●钩织方法

1 按照图解连续钩织花边装饰。

2 主体钩141针锁针起针，按照图解钩织10行。将花边装饰背面作为正面，钩织第11行和花边装饰连接。

3 在起针一侧钩织扣环和边缘，纽扣缝在左前侧的边缘。

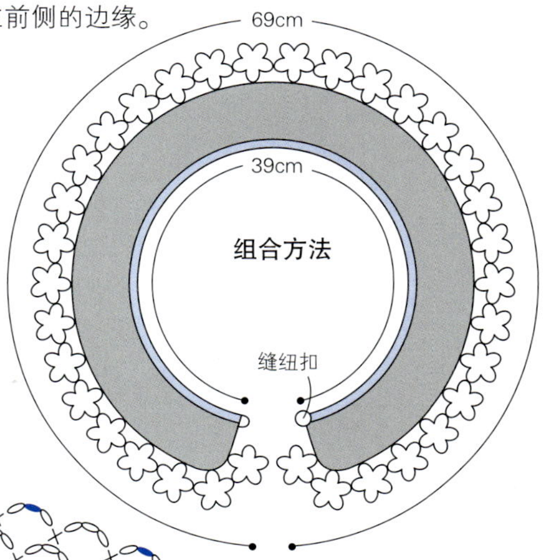

花边装饰 原白色

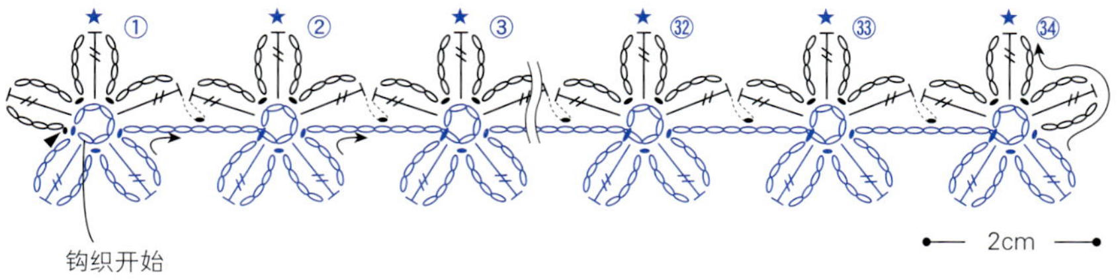

主体 米黄色

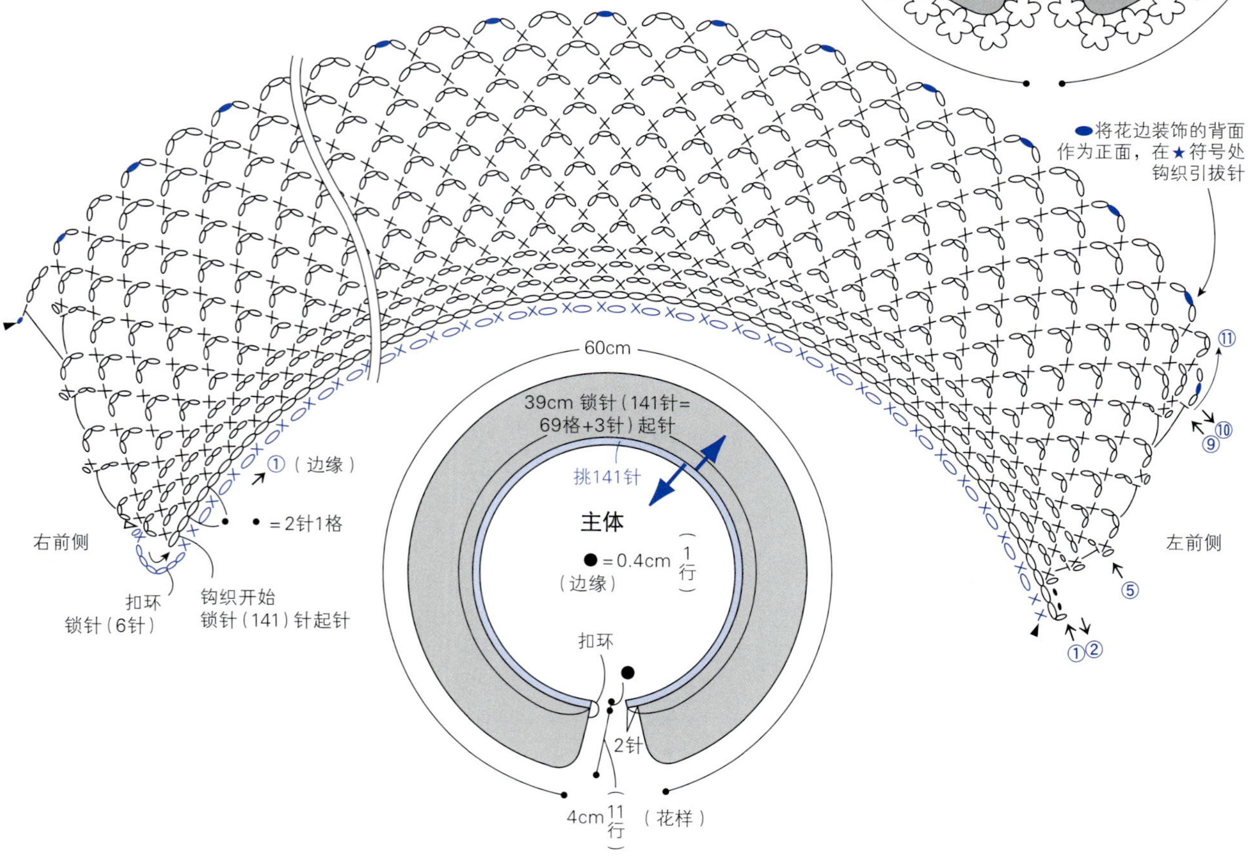

边缘花样装饰领

成品图p.19

●使用材料

线：奥林巴斯Emmy Grande 象牙白色（810）15g

钩针：蕾丝钩针0号

完成尺寸：参照图示

●钩织方法

1 主体钩171针锁针起针，按照图解钩织5行花样，钩织完成后继续钩织1行边缘。

2 抽绳钩300针锁针起针，钩织1行引拔针。

3 按照图解，将抽绳穿过主体的第1行。

主体

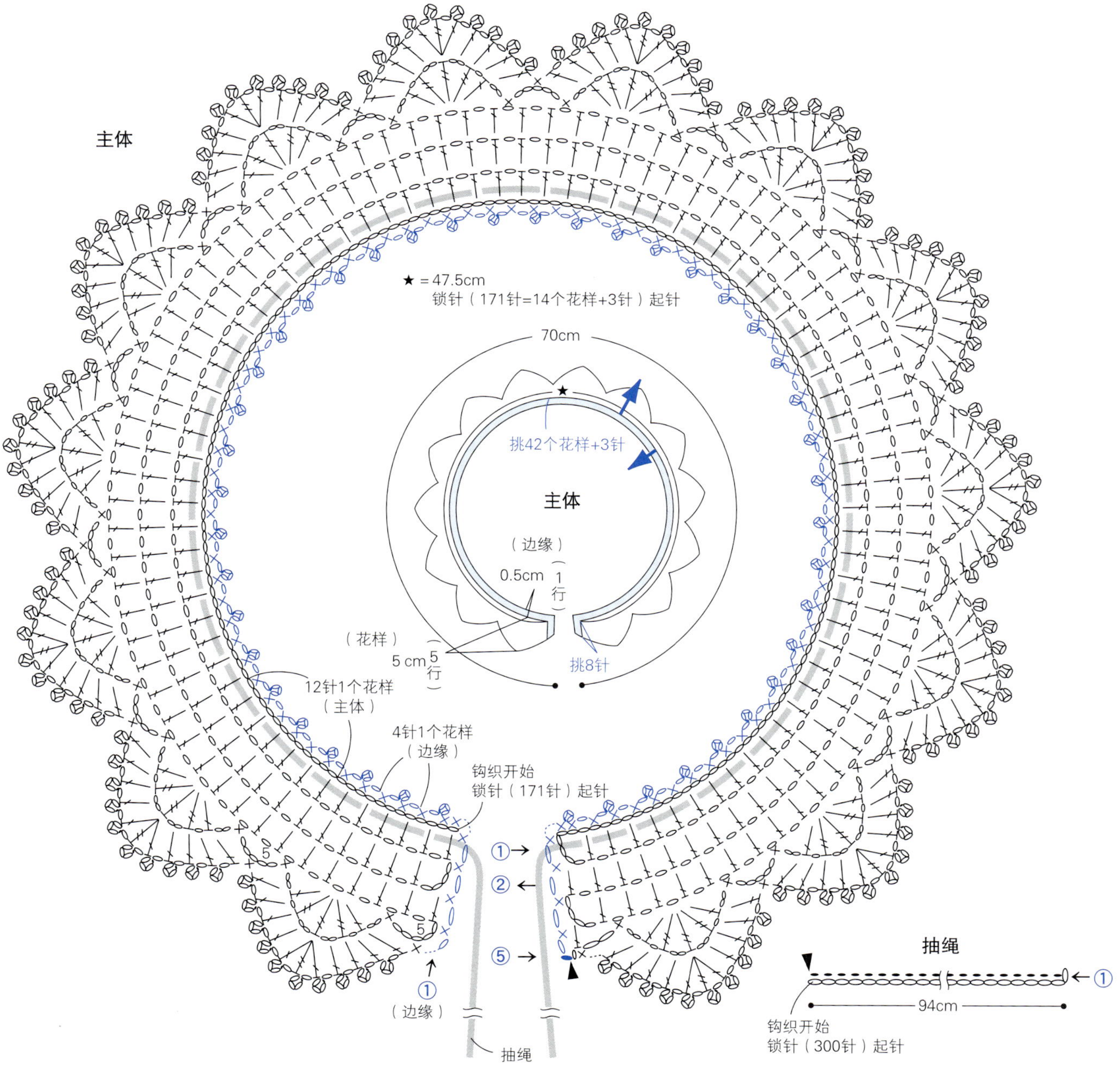

水兵领花朵装饰领

成品图p.20　p.21

●**使用材料**

线：奥林巴斯Emmy Grande 米白色（851） 20g　Emmy Grande（Herbs）米黄色（721）象牙白色（732）各10g

钩针：钩针2/0号

完成尺寸：参照图示

●**钩织方法**

1　主体使用米白色线钩111针锁针起针，按照图解钩织17行，继续钩织右侧，钩织至第42行。左侧加线，也钩织至第42行。

2　左侧的系绳钩80针锁针起针，沿领口侧钩织1行短针作为边缘，钩织完成后继续钩织右侧系绳的80针锁针。第2行在系绳的锁针针目上钩织引拔针，边缘钩织短针，按照图解在指定位置钩织3针锁针的狗牙拉针。

3　使用米黄色线，钩织11片花朵A。使用象牙白色线，钩织12片花朵B，钩织过程中连接花朵A。钩织连接成一条花边。

4　按照组合方法图示，使用米白色线，把花边缝在主体一周。

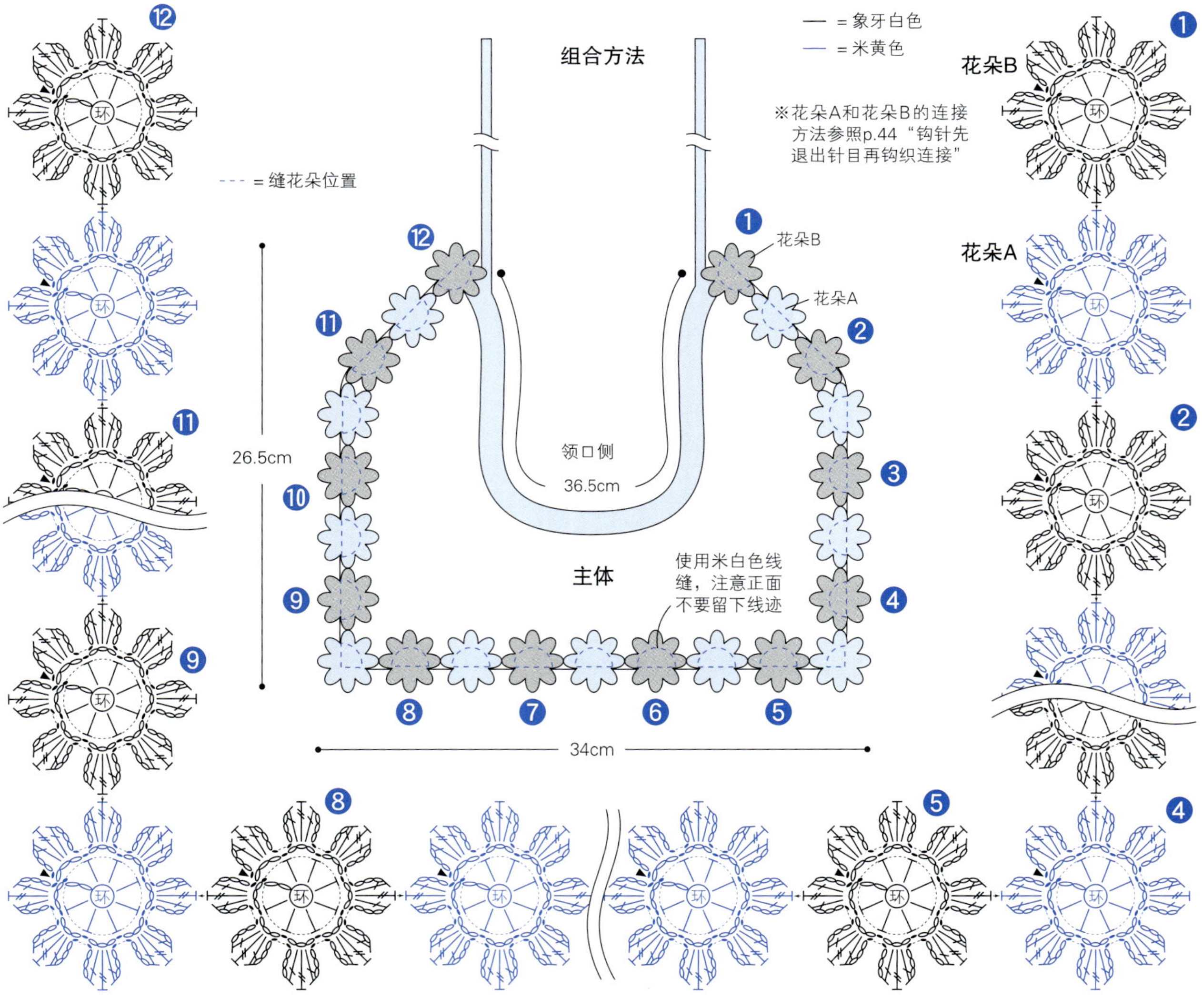

主体 米白色

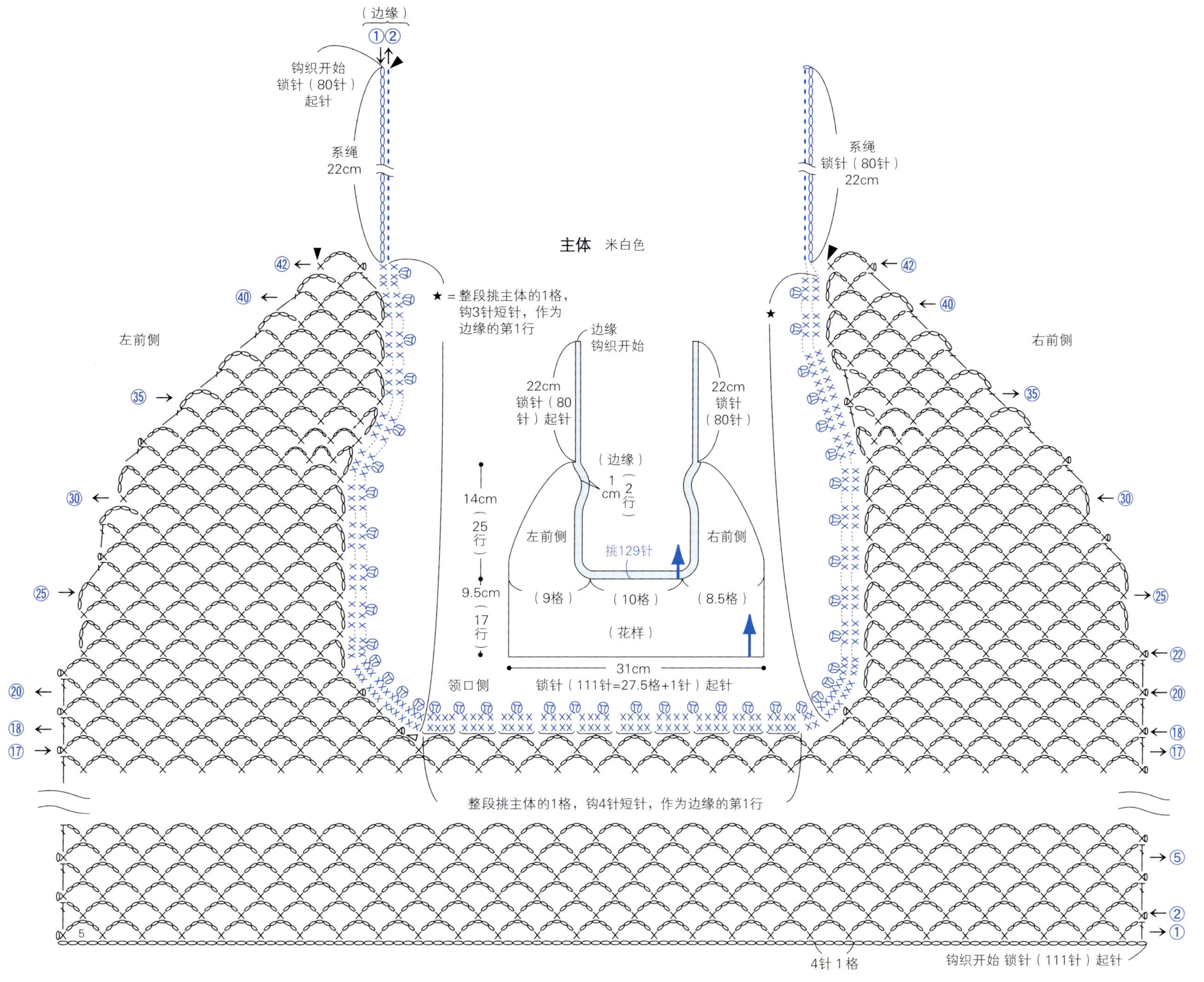

（边缘）
①②
钩织开始
锁针（80针）
起针
系绳
22cm
系绳
锁针（80针）
22cm
★＝整段挑主体的1格，
钩3针短针，作为
边缘的第1行
★
左前侧
右前侧
边缘
钩织开始
22cm
锁针（80
针）起针
22cm
锁针
（80针）
（边缘）
1
cm
（2
行）
左前侧
右前侧
挑129针
14cm
（25
行）
9.5cm
（17
行）
（9格）
（10格）
（8.5格）
（花样）
31cm
锁针（111针=27.5格+1针）起针
领口侧
整段挑主体的1格，钩4针短针，作为边缘的第1行
4针 1格
钩织开始 锁针（111针）起针
42
40
35
30
25
22
20
18
17
5
2
1

方格网眼装饰领

成品图p.22

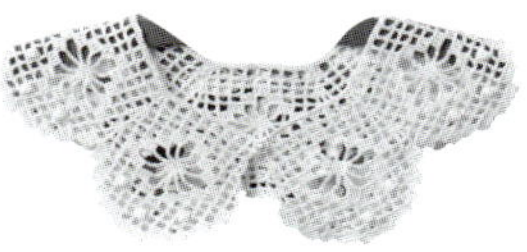

●使用材料

线：奥林巴斯Emmy Grande 原白色（804） 25g

其他：直径10mm的纽扣（白色） 1颗

钩针：钩针2/0号

完成尺寸：参照图示

●钩织方法

1 主体钩160针锁针起针，按照图解连续钩织方格网眼，连续钩织第1~8行，从第9行开始，在6处加线，分别钩织1个花样。

2 在右前侧的边缘加线，钩织扣环，接着从起针的锁针针目挑针，钩织1行边缘。

4 在左前侧的边缘缝纽扣。

组合方法

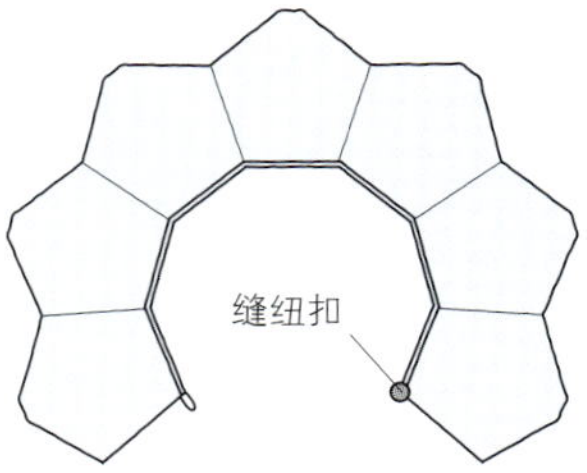

主体

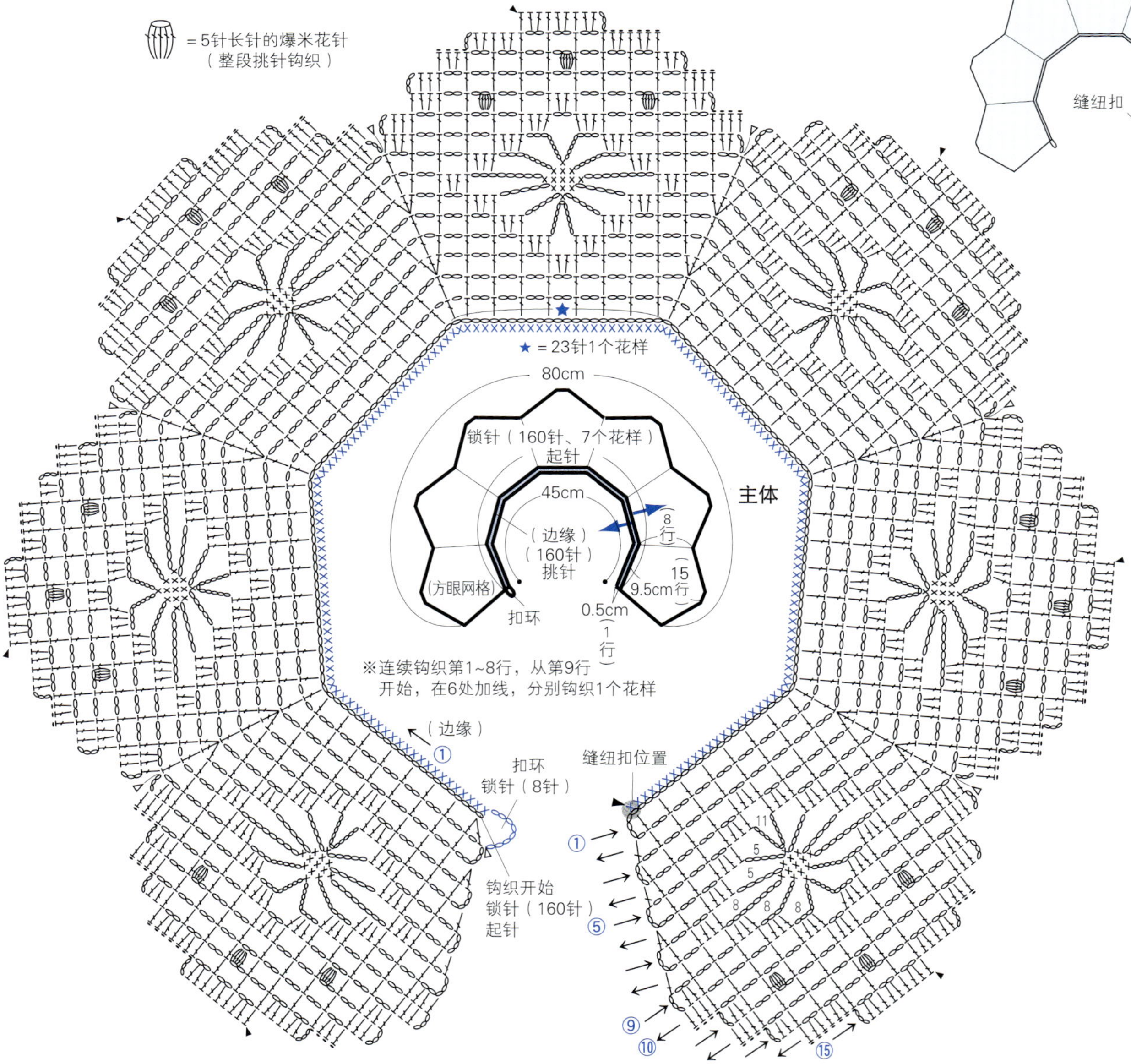

葡萄装饰领

成品图p.23

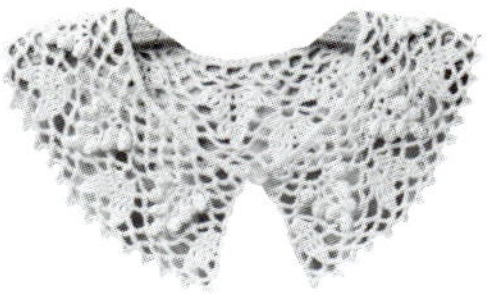

●使用材料

线：奥林巴斯 Souffle（细）原白色（102） 20g

其他：直径12mm的纽扣（白色） 1颗

钩针：钩针3/0号

完成尺寸：参照图示

●钩织方法

1 主体钩145针锁针起针，按照图解钩织11行花样。

2 在右前侧的边缘加线，钩织扣环，接着从起针的锁针针目挑针，钩织1行边缘。

3 在左前侧的边缘缝纽扣。

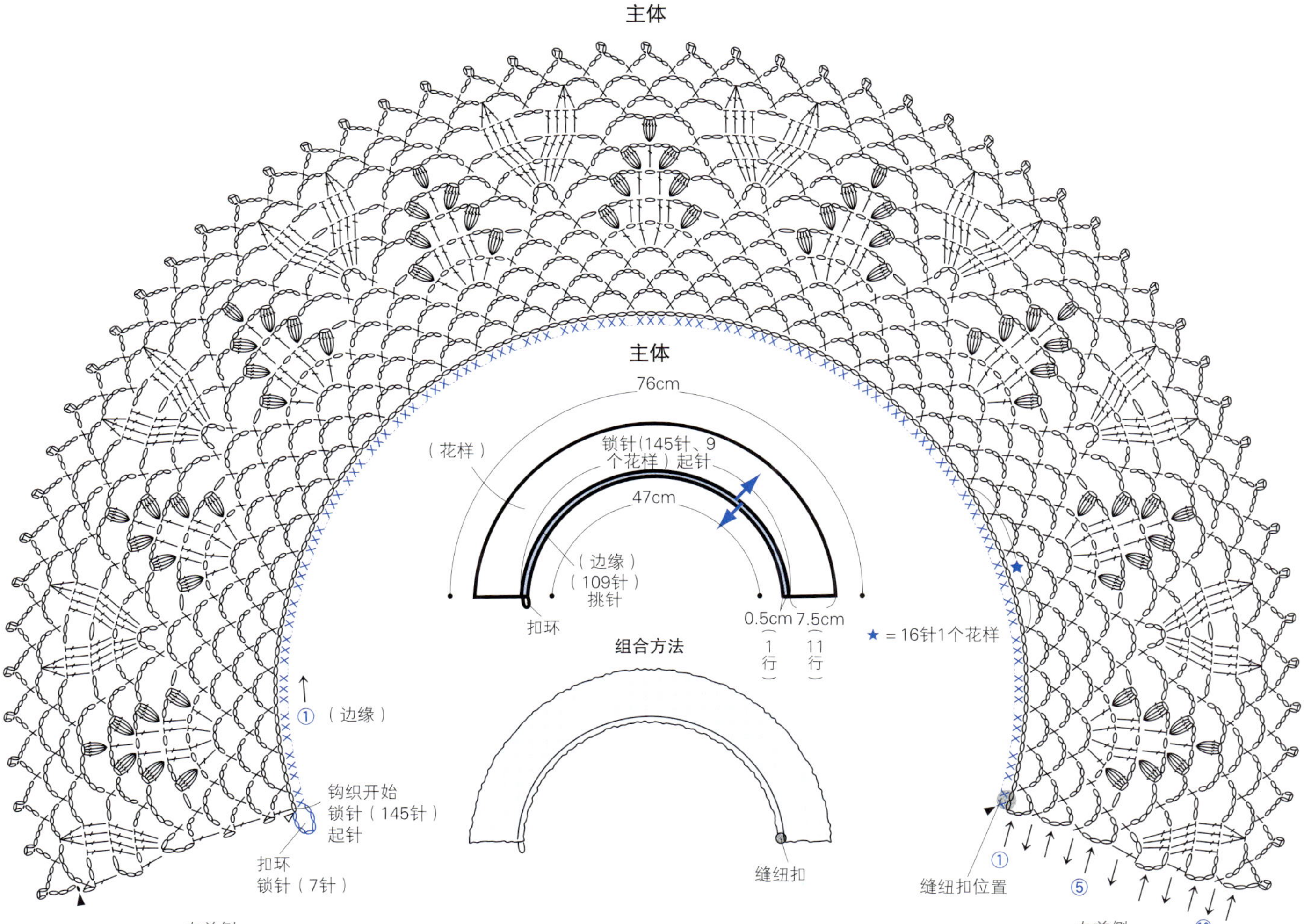

5针长针的爆米花针 = （第5行、第7行）…按照钩织针法符号钩织（参照p.95）
（第6行、第8行）…由于是背面朝前钩织，为了让织物正面呈现圆鼓鼓的样子，钩针插入第1针长针时（参照p.95图解的步骤2），从这针的后面插入，再引拔第5针

爆米花针装饰领 I

成品图p.24

●使用材料

线：奥林巴斯 Cotton Cuore（金属丝）白色（101）30g

其他：直径9mm的纽扣（透明）1颗

钩针：钩针2/0号

完成尺寸：参照图示

●钩织方法

1　主体钩120针锁针起针，第1行开始按照图解钩织花样，共钩织7行。钩织5针长针的爆米花针时，把长针钩织得松一些，可以使爆米花针圆鼓鼓的，更蓬松。

2　在左前侧的边缘缝纽扣。

主体

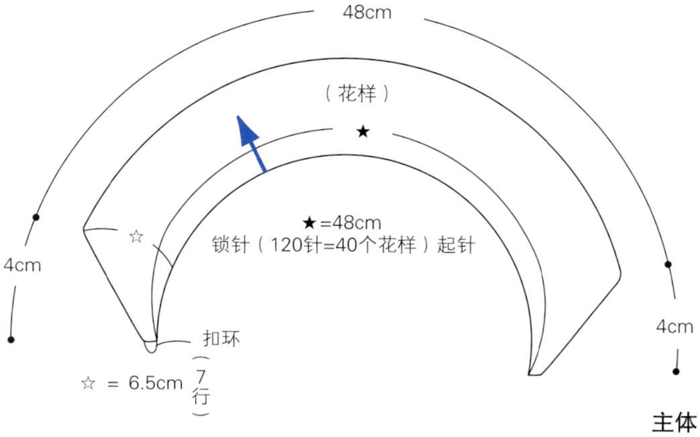

组合方法

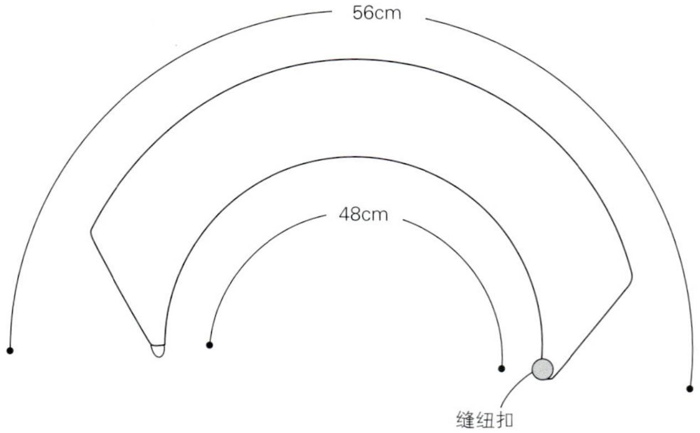

主体

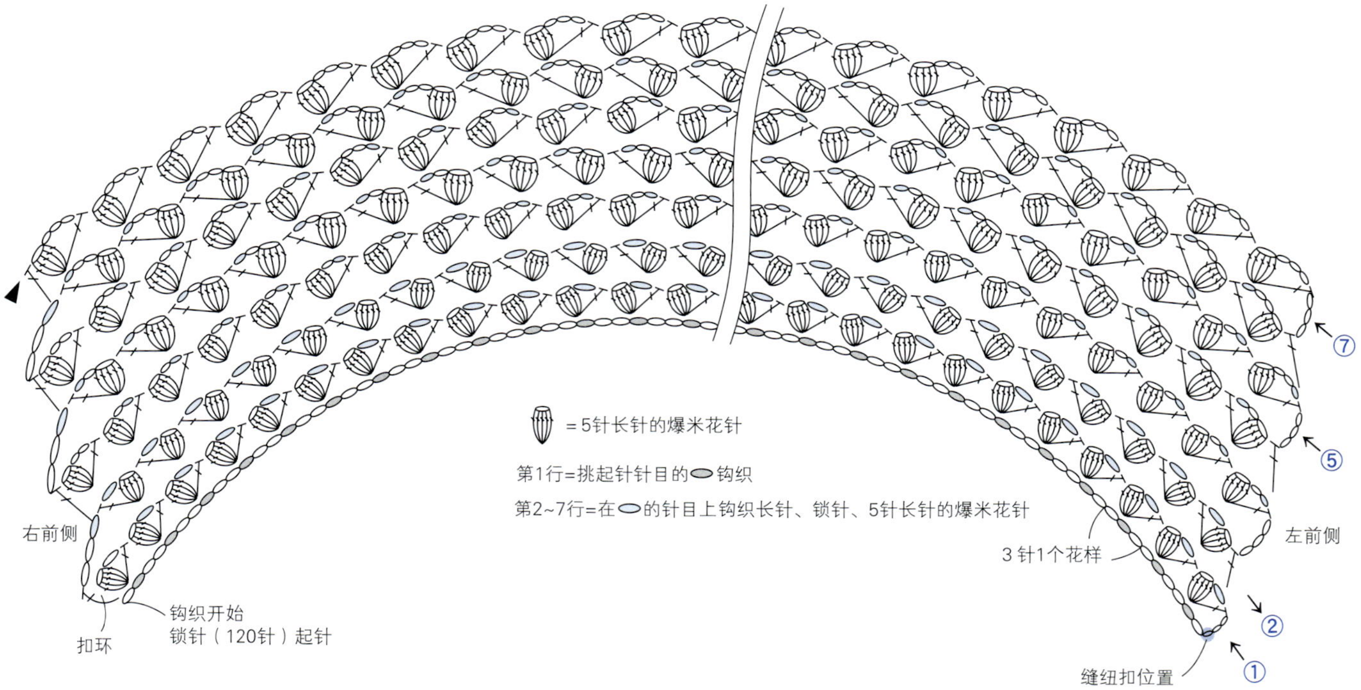

爆米花针装饰领Ⅱ

成品图p.25

●**使用材料**

线：奥林巴斯 Cotton Cuore（金属丝）砂米色（102）15g

其他：宽3mm的缎带（黄色）82cm

钩针：钩针2/0号

完成尺寸：参照图示

●**钩织方法**

1 主体钩120针锁针起针，第1行开始按照图解钩织花样，共钩织7行。钩织5针长针的爆米花针时，把长针钩织得松一些，可以使爆米花针圆鼓鼓的，更蓬松。

2 把缎带穿过主体的第1行。

主体

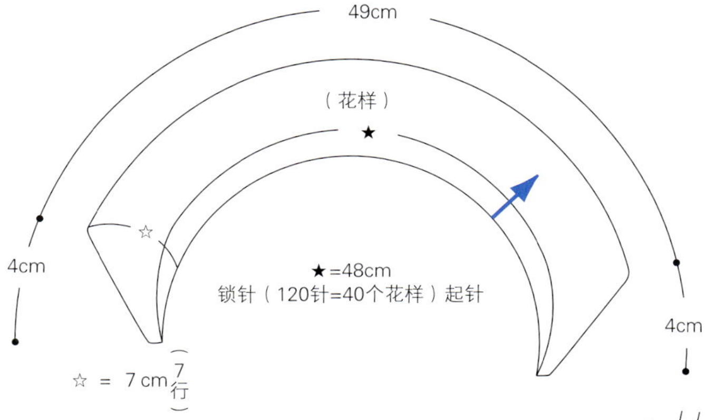

组合方法

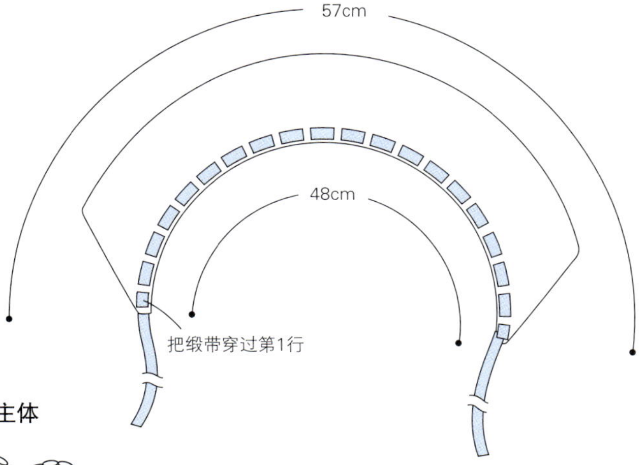

主体

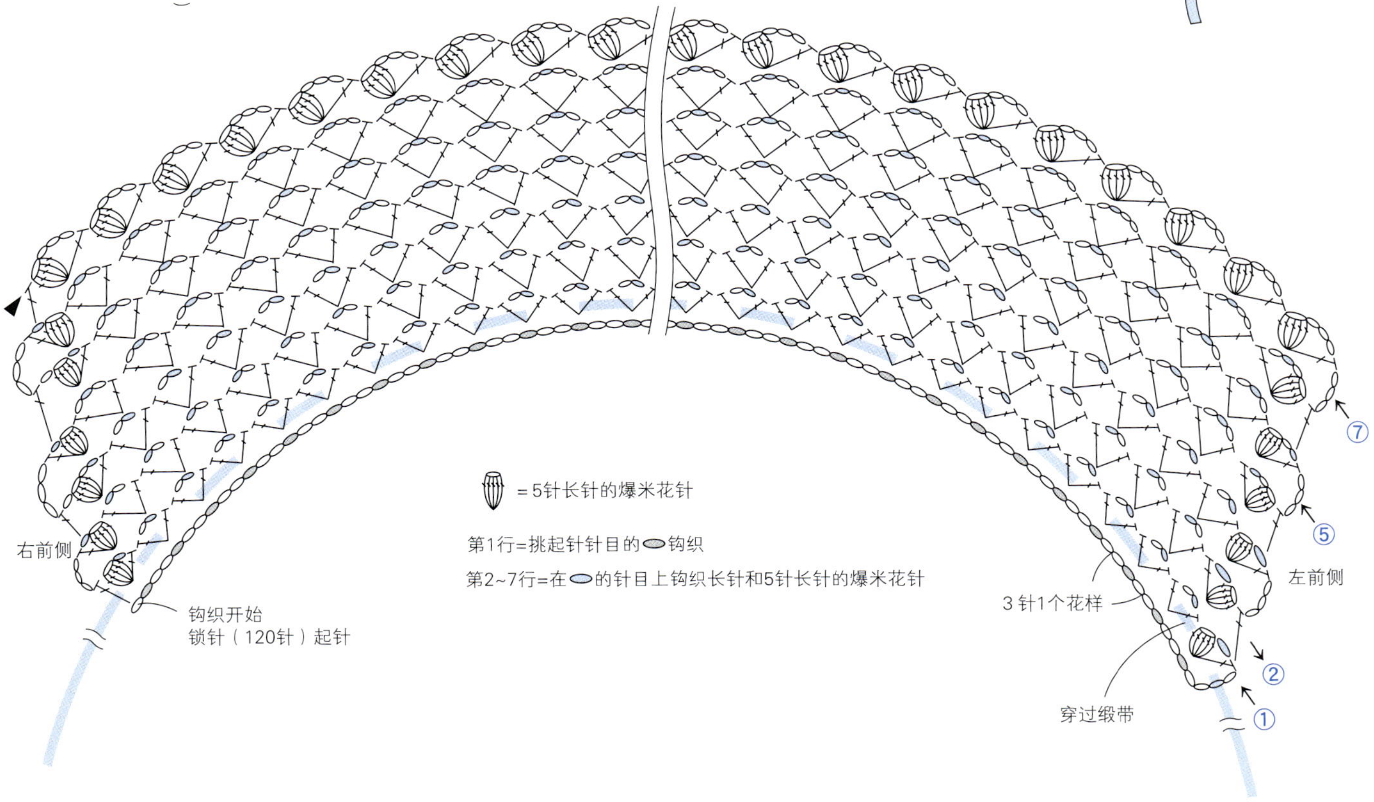

水兵领装饰领

成品图p.26　p.27

●使用材料

线：奥林巴斯 Emmy Grande（Herbs）棕色（814）55g

钩针：蕾丝钩针0号

完成尺寸：参照图示

●钩织方法

1　从主体花样部分开始钩织。主体钩105针锁针起针，按照图解钩织右前领。加线钩织左前领。

2　钩织连续花片A的❶～⓭，钩织时与主体起针的锁针针目连接。接着钩织⓮～㉖，钩织时与连续花片的❶～⓭连接。

3　钩织连续花片B的❶～⑳，钩织时与主体的右侧面连接。接着钩织㉑～㊵，钩织时与连续花片的❶～⑳连接。

4　钩织连续花片C的①～⑳，钩织时与主体的左侧面连接。接着钩织㉑～㊵，钩织时与连续花片的①～⑳连接。

连续花片C

连续花片A

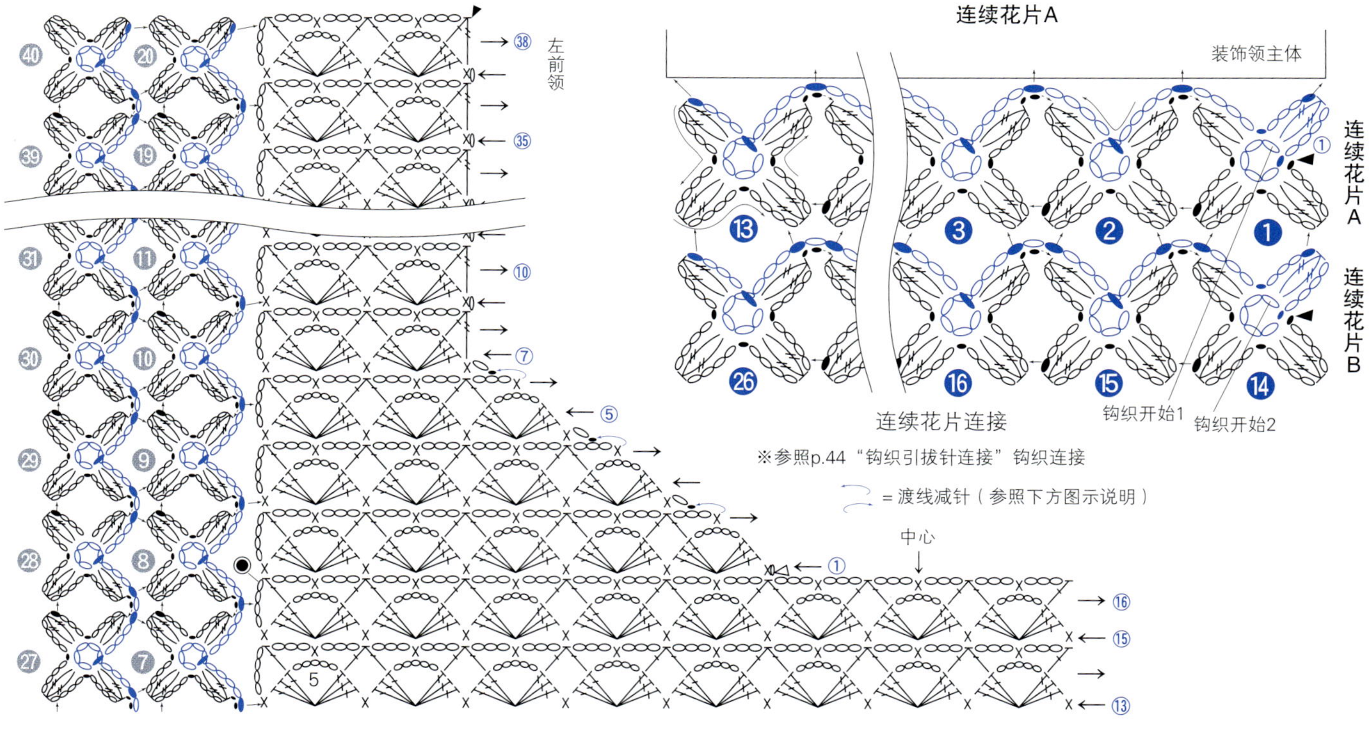

连续花片连接

※参照p.44“钩织引拔针连接”钩织连接

= 渡线减针（参照下方图示说明）

●渡线减针的方法

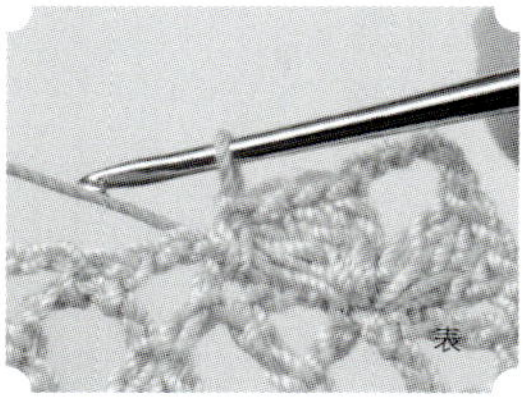

1　右前领的第1行钩织完成后，拉长针目的线圈，把线团穿过线圈。

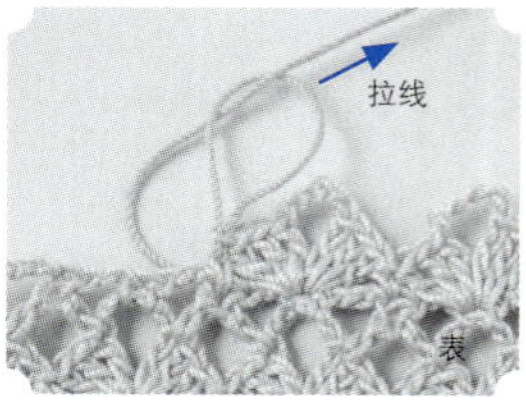

2　拉线抽紧针目，翻转织物。

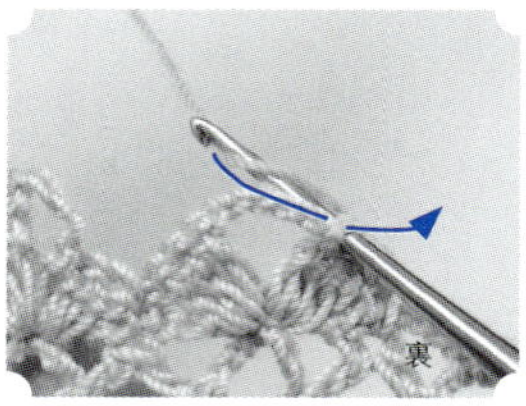

3　把线贴紧织物渡线，钩针插入第2针长针针目，挂线引拔。

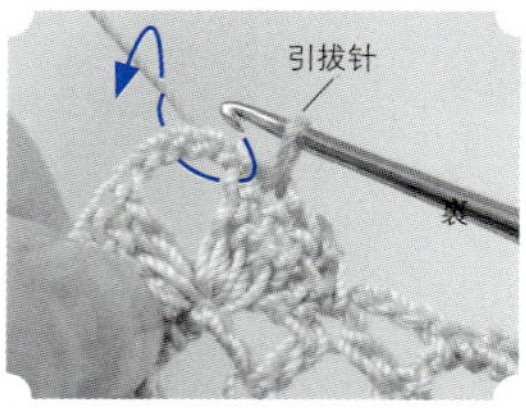

4　再在下一针长针上钩织引拔针。按照图解继续钩织。

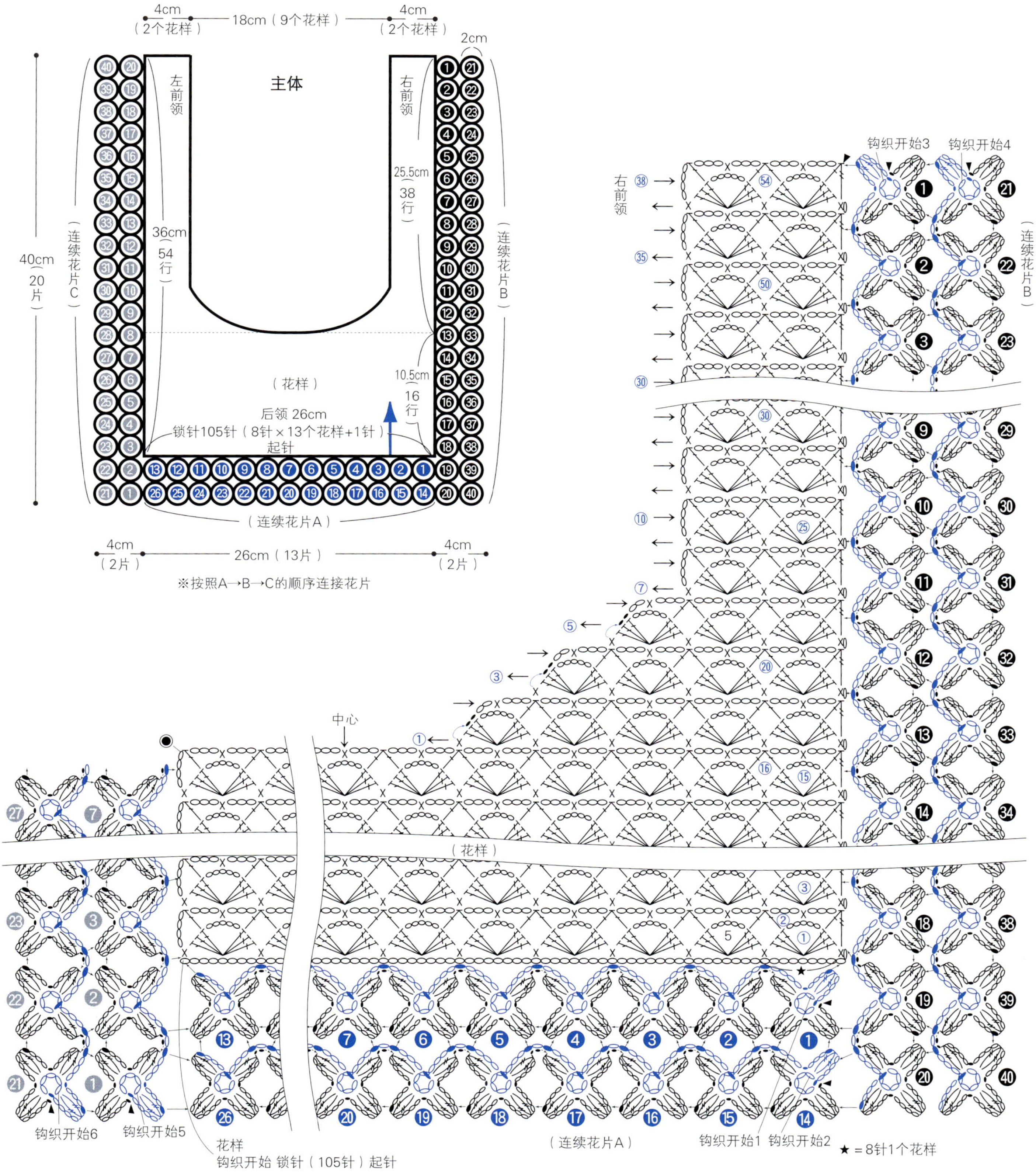

※按照A→B→C的顺序连接花片

自然风装饰领 I

成品图p.28

●**使用材料**

线：奥林巴斯 Emmy Grande（Herbs）象牙白色（732）20g

其他：直径10mm的纽扣（茶色）1颗

钩针：蕾丝钩针0号

完成尺寸：参照图示

●**钩织方法**

1 主体钩7针锁针起针，按照图解，沿装饰领下摆钩织花样，4行1个花样，共钩织88行。

2 一周钩织边缘1行。

3 在左前侧的边缘缝纽扣。

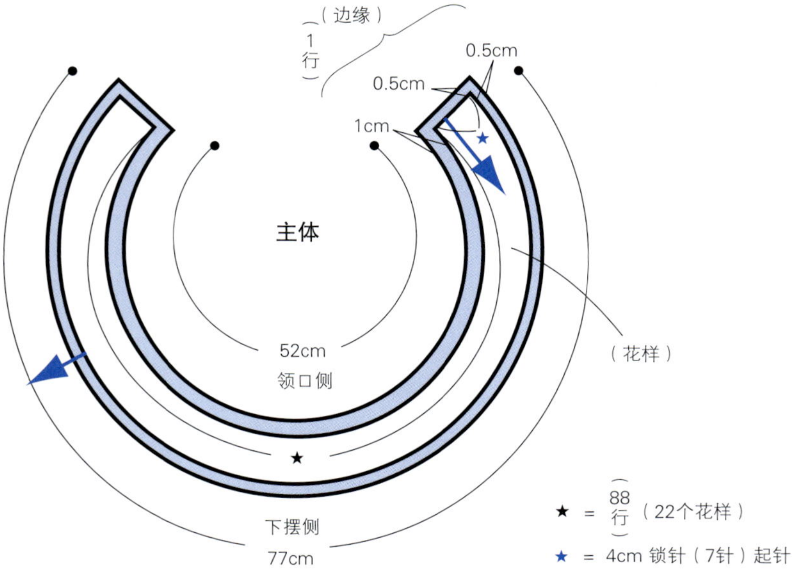

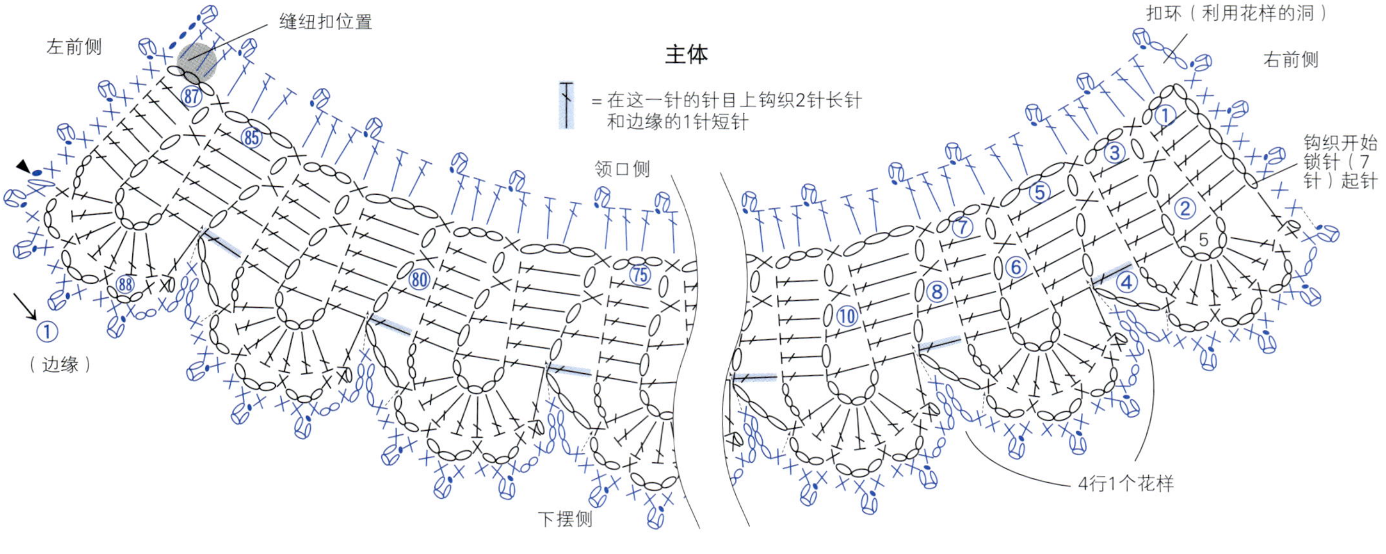

自然风装饰领Ⅱ

成品图p.29

●使用材料

线：奥林巴斯 Emmy Grande（Herbs） 米黄色（721）25g

钩针：蕾丝钩针0号

完成尺寸：参照图示

●钩织方法

1　主体钩22针锁针起针，按照图解钩织92行花样。

2　接着沿领口侧钩织短针和左侧的系绳。

3　继续沿左前侧、下摆侧、右前侧钩织边缘，最后钩织右侧的系绳。

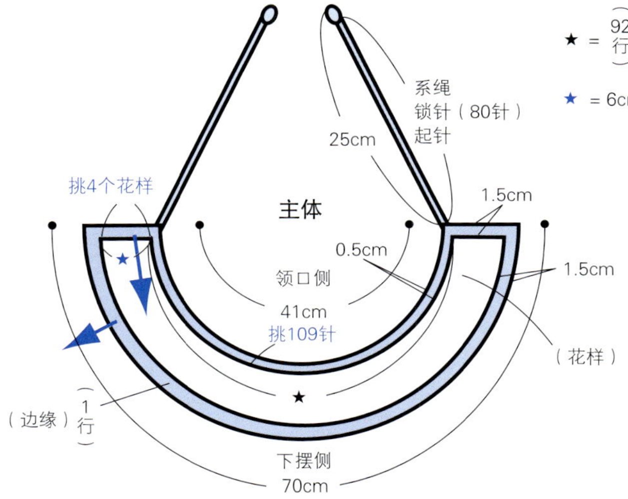

★ = 92行（15个花样＋2行）

★ = 6cm 锁针（22针）起针

×、（右前侧的边缘）=钩针插入前一行2针长针的针目之间钩织

= 变化的2针中长针的枣形针（参考p.95“变化的3针中长针的枣形针”的方法）

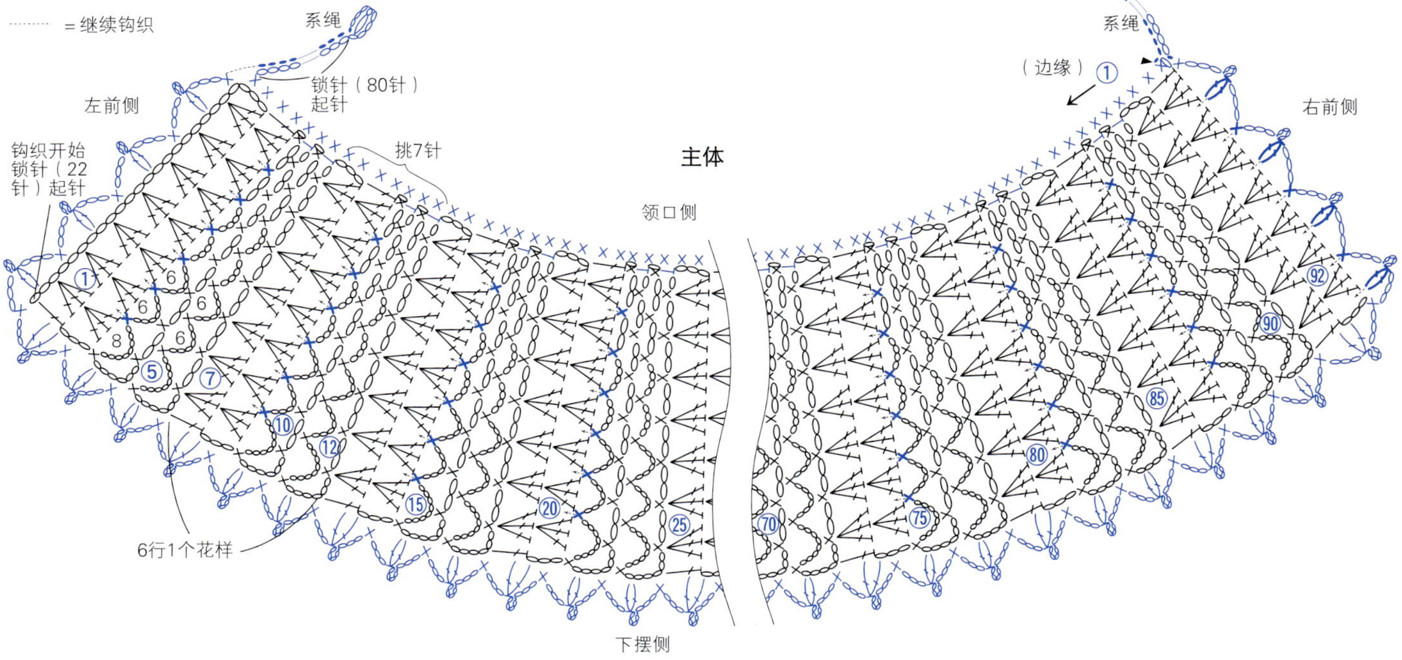

连续花片装饰领 I

成品图p.32

●**使用材料**

线：横田DARUMA蕾丝线30号 葵 原白色（2）25g

其他：TOHO 珍珠 8mm 亮白色（No.200）1颗 小圆珠 白色（147） 1颗

钩针：蕾丝钩针4号

完成尺寸：参照图示

●**钩织方法**

1 从花样部分开始钩织。钩177针锁针起针，按照图解钩织4行花样。

2 另外钩织连续花片，共钩织连接22片，钩织第3行时按照图解，与花样第4行的狗牙拉针连接。

3 在花样的钩织开始一侧加线，钩织扣环，接着继续钩织1行边缘。

4 参照串珠方法，把线穿过珠子，缝在左前侧的边缘。

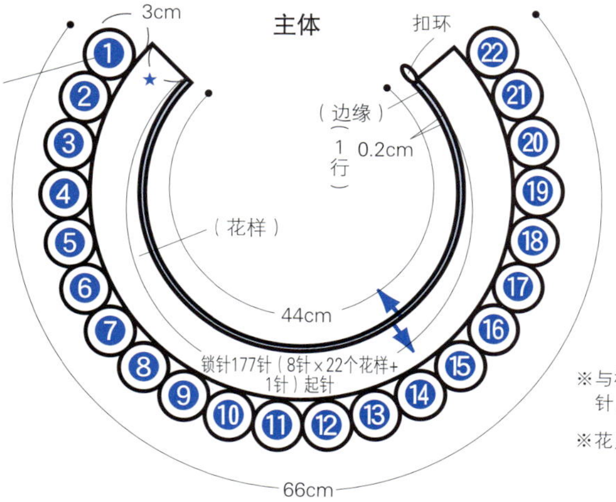

※与相邻花片连接时，在连续花片的连接部分整段挑针，钩织引拔针

※花片的连接方法参照p.44“钩织引拔针连接”

穿珠方法

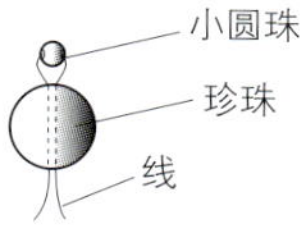

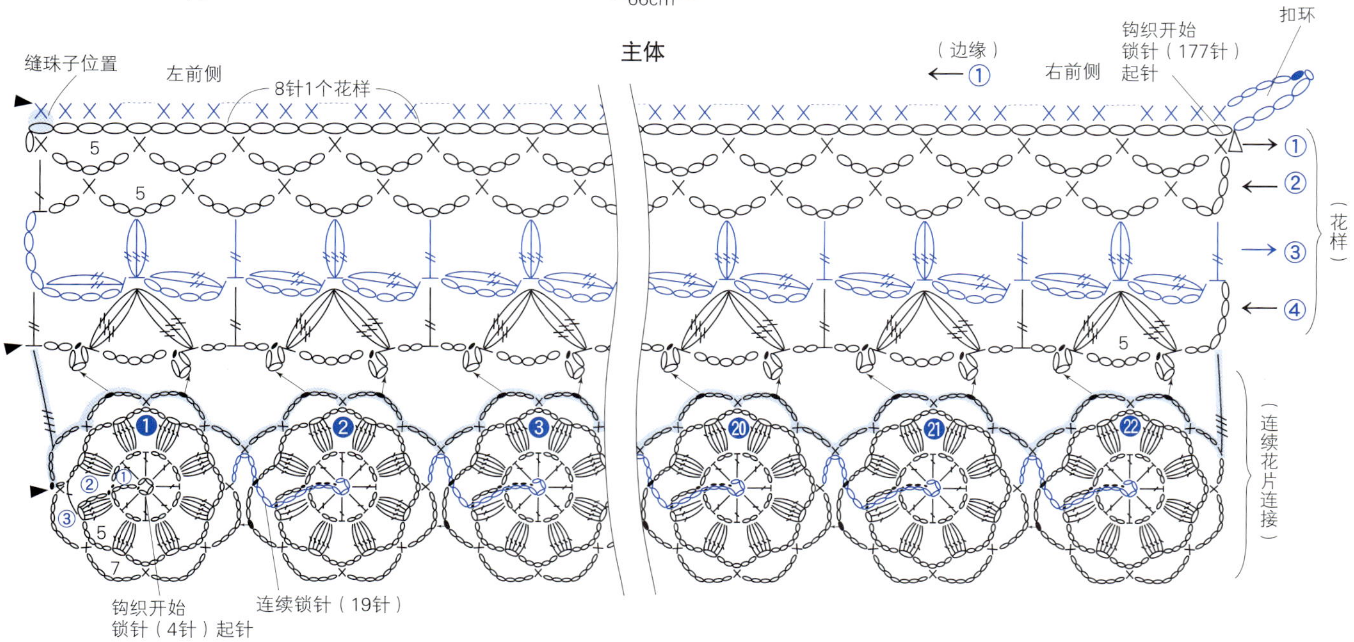

连续花片装饰领Ⅱ

成品图p.33

●使用材料

线：横田DARUMA蕾丝线30号 葵 黑色（14）35g

钩针：蕾丝钩针4号

完成尺寸：参照图示

●钩织方法

1 从花样部分开始钩织。钩177针锁针起针，按照图解钩织4行花样。

2 按照序号钩织连续花片，共钩织连接43片，㉒~㊸钩织第3行时按照图解，与主体花样第4行的狗牙拉针连接。

3 在花样的钩织开始一侧加线，钩织系绳，接着继续钩织1行边缘至另一侧，钩织另一侧的系绳。

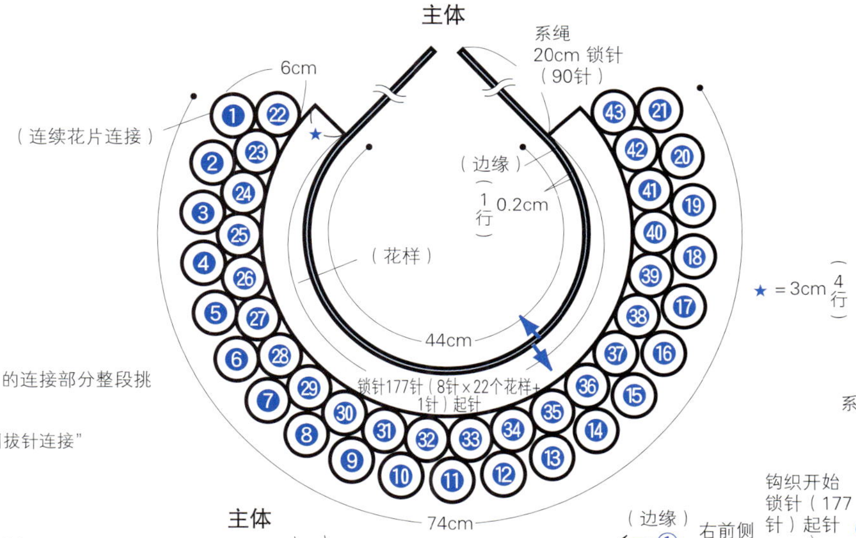

※与相邻花片连接时，在连续花片的连接部分整段挑针，钩织引拔针

※花片的连接方法参照p.44“钩织引拔针连接”

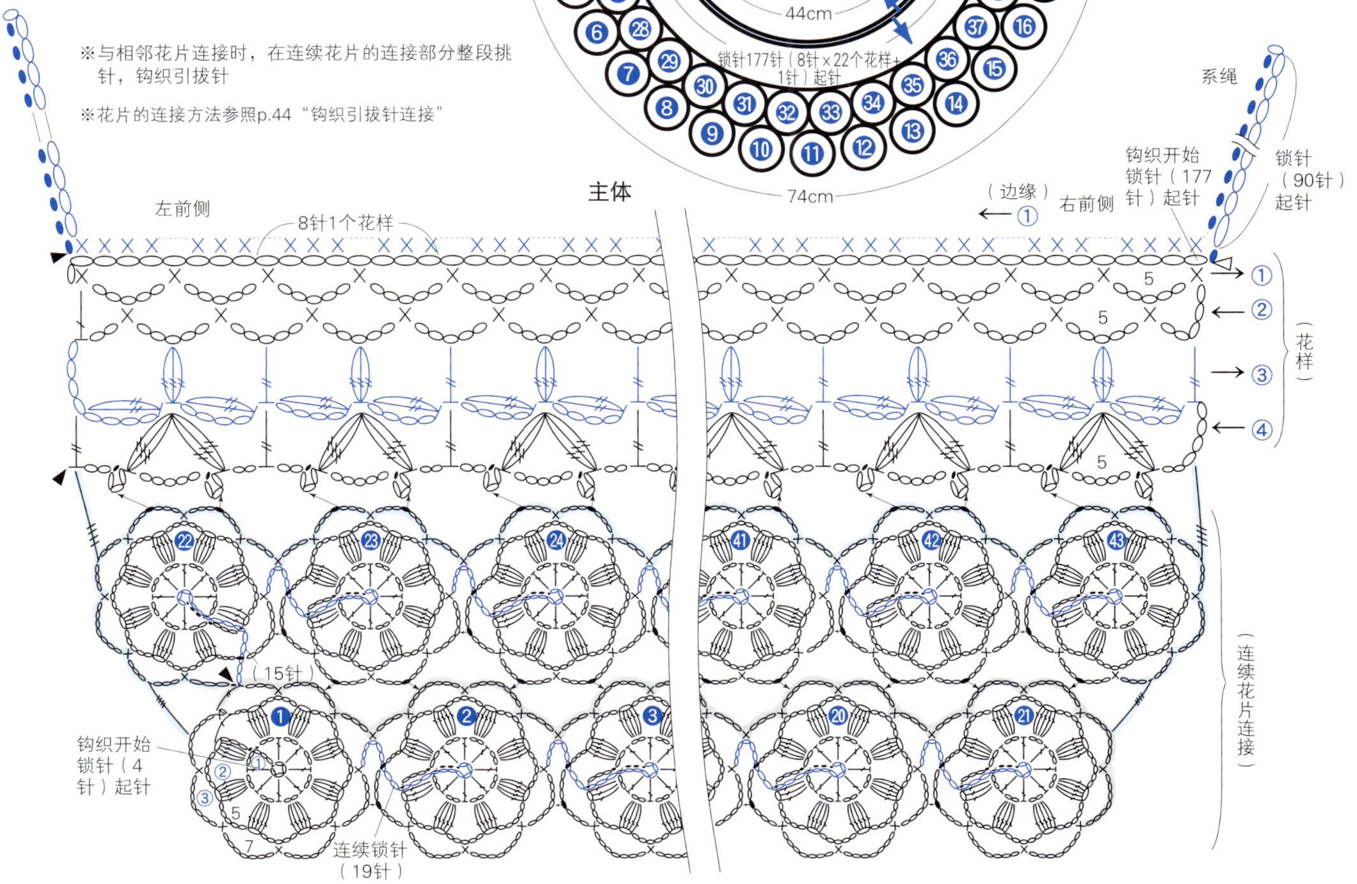

小花装饰领

成品图p.34

组合方法

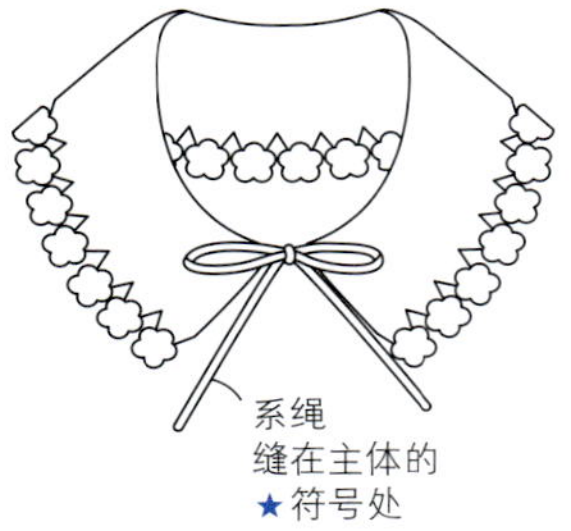

主体

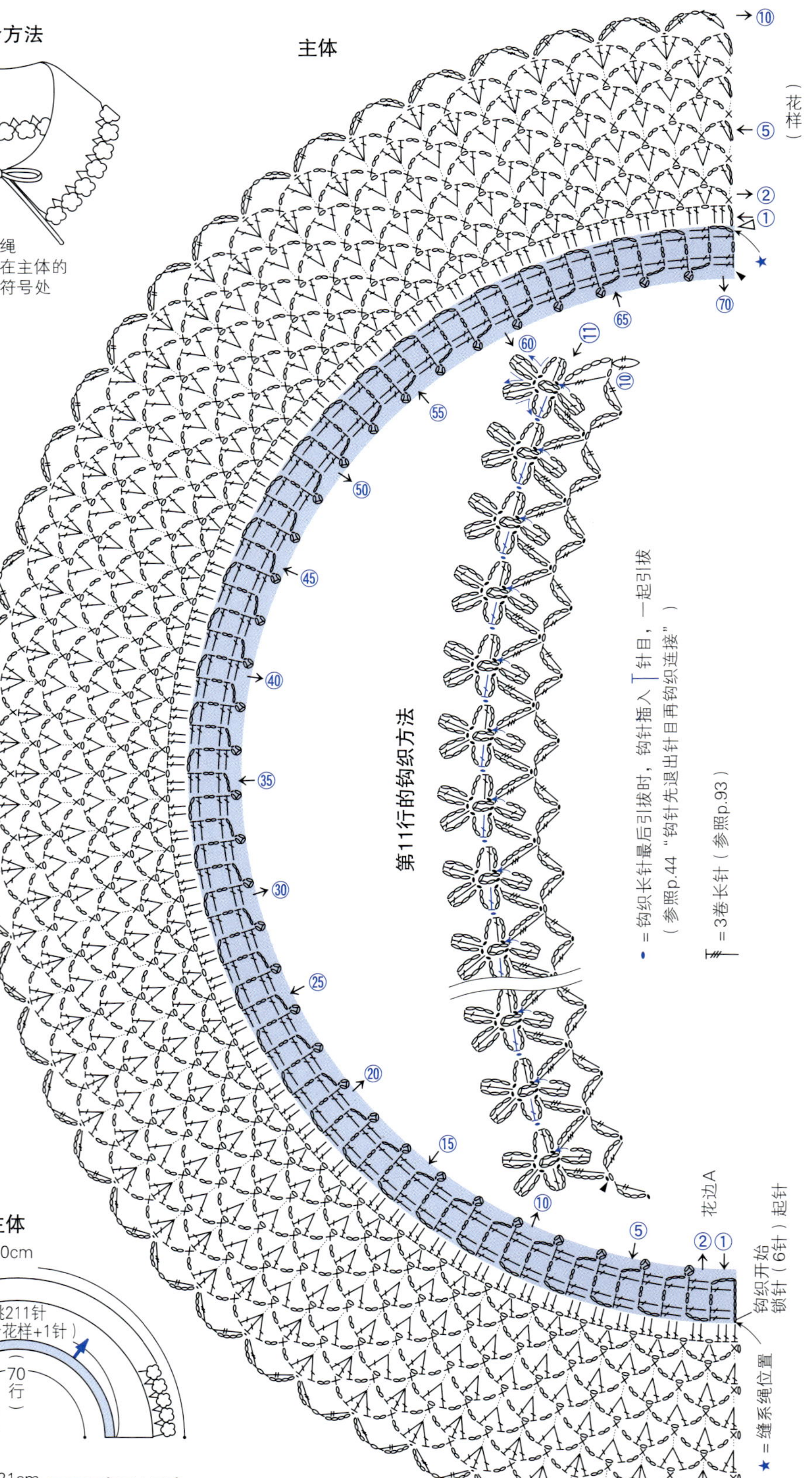

●使用材料

线：DMC Cébélia 10号 白色（BLANC）25g

钩针：蕾丝钩针4号

完成尺寸：参照图示

●钩织方法

1 花边A钩6针锁针起针，按照图解钩织70行，断线。偶数行钩织完成后，钩3针锁针，在前一行的长针针目上引拔，完成狗牙拉针。

2 接着钩织主体的花样。在花边A第70行的立织锁针上加线，钩3针立织锁针。

3 从花边A上挑针，钩织11行花样。第11行在前一行的3卷长针上钩织5针锁针的狗牙拉针；再整段挑狗牙拉针形成的线圈，钩织5片花瓣组成小花。继续钩织小花，每朵小花的第2片花瓣和相邻的花瓣连接。

4 钩织2根系绳，缝在花边A的★符号处。

主体

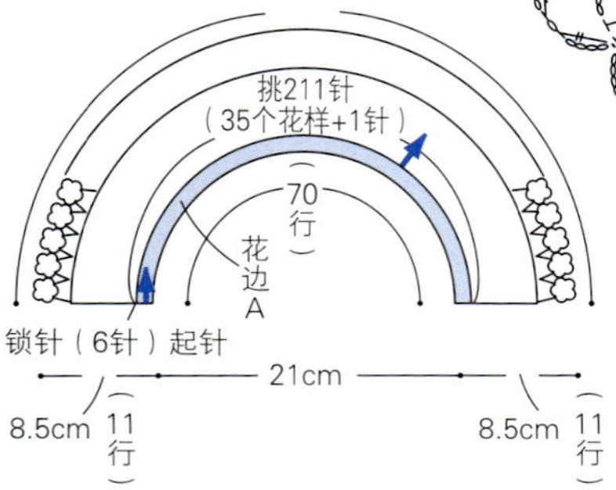

系绳 2根

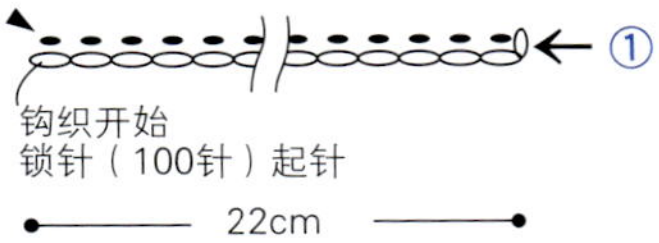

风车装饰领

成品图p.35

● **使用材料**

线：横田DARUMA蕾丝线30号 葵 原白色（2）20g

其他：直径12mm的纽扣（白色）1颗

钩针：蕾丝钩针2号

完成尺寸：参照图示

● **钩织方法**

1 钩织花边A的同时，钩织风车花片。接着在花边A第5行的2针锁针，继续钩14针锁针，作为花片的起针。在第6针锁针上引拔，形成中心的线环，按照❶~❼的顺序钩织花瓣。整段挑6针锁针钩10针短针，回到花边A。

2 按照步骤1的方法，共钩织66行花边，每8行钩织1片花片。最后沿一周钩织边缘（包括7针锁针的扣环）。

3 在左前侧的边缘缝纽扣。

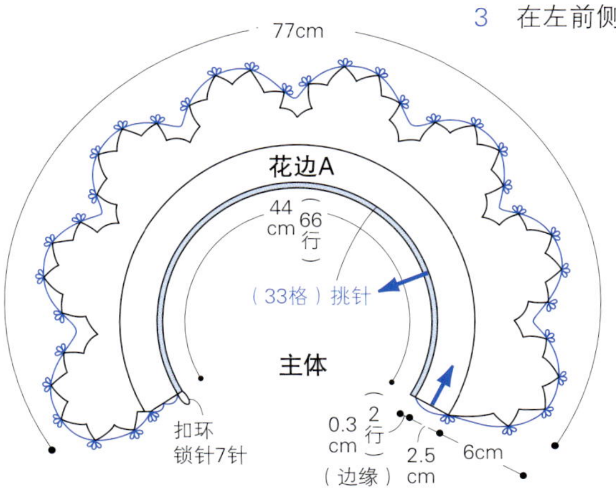

组合方法

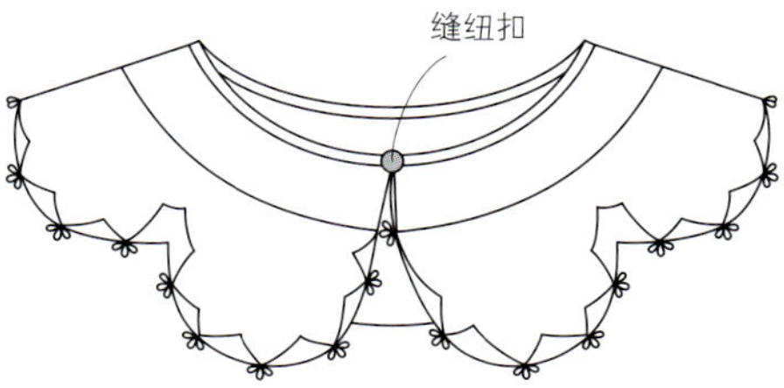

主体

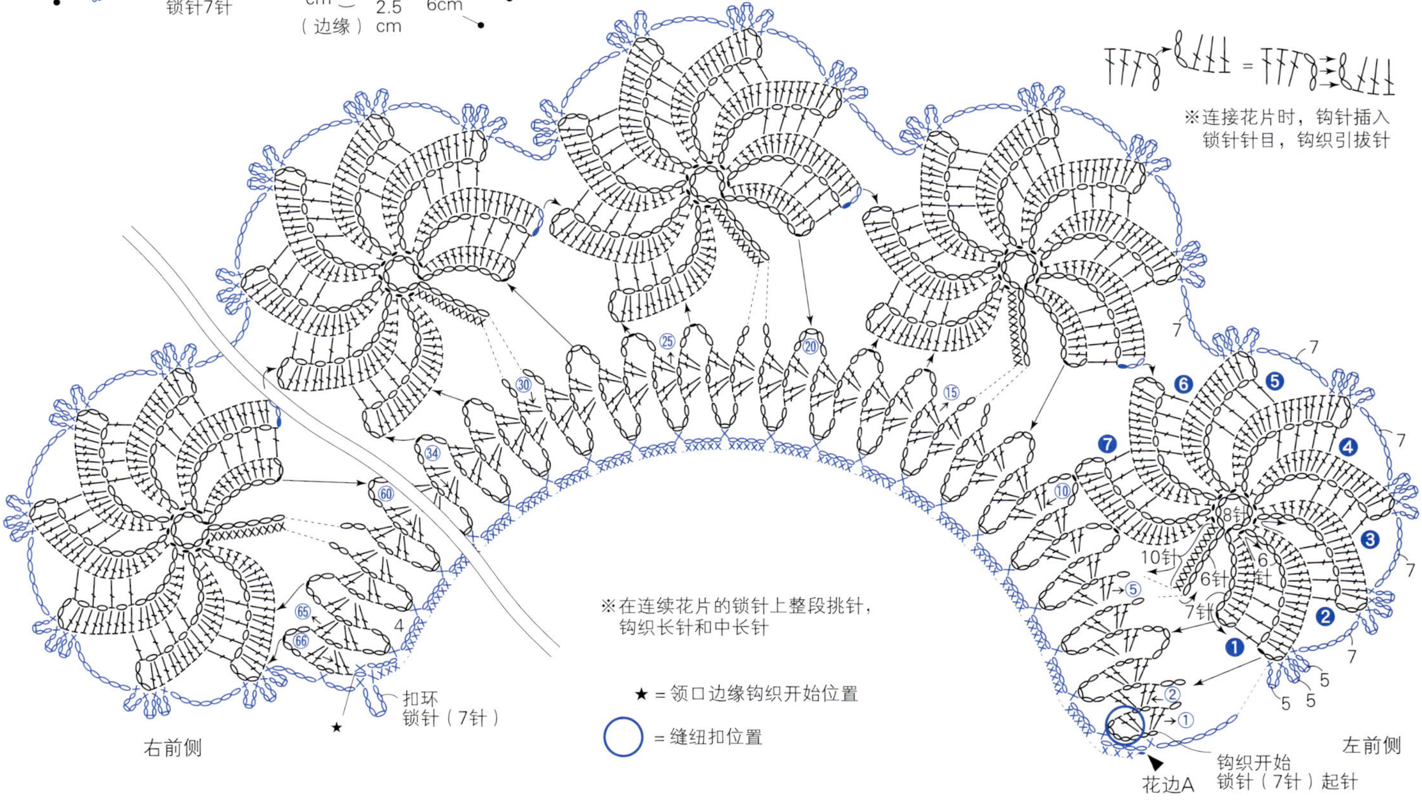

★ = 领口边缘钩织开始位置

◯ = 缝纽扣位置

迷你玫瑰装饰领

成品图p.35

●**使用材料**

线：横田DARUMA蕾丝线30号 葵 米黄色（3）25g

其他：直径10mm的纽扣（茶色）1颗

钩针：蕾丝钩针2号

完成尺寸：参照图示

●**钩织方法**

1 主体钩157针锁针起针，按照图解钩织11行网眼。

2 在主体左前侧的边缘加线，沿左前侧、外围、右前侧钩织5行边缘，最后钩织扣环。

3 沿领口侧钩织1行短针。

4 钩织18片玫瑰花片，卷成立体玫瑰，底部缝合固定，再缝在主体的●符号处。

主体

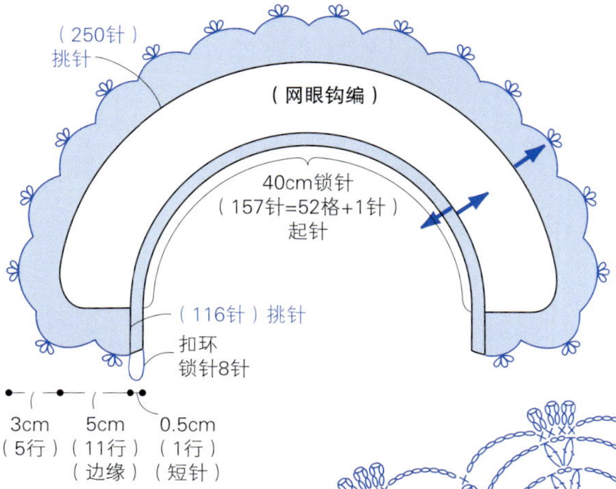

组合方法

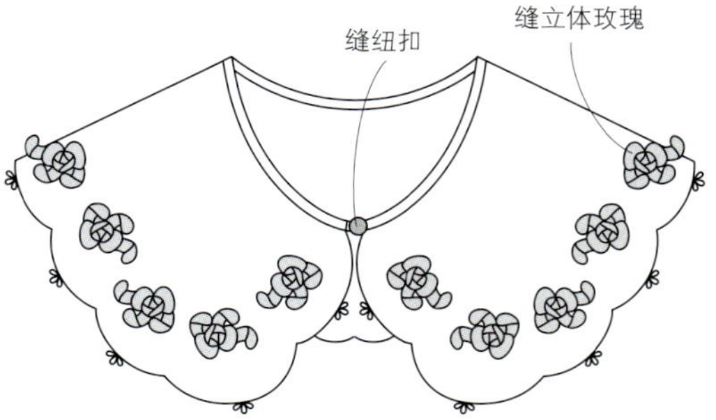

主体

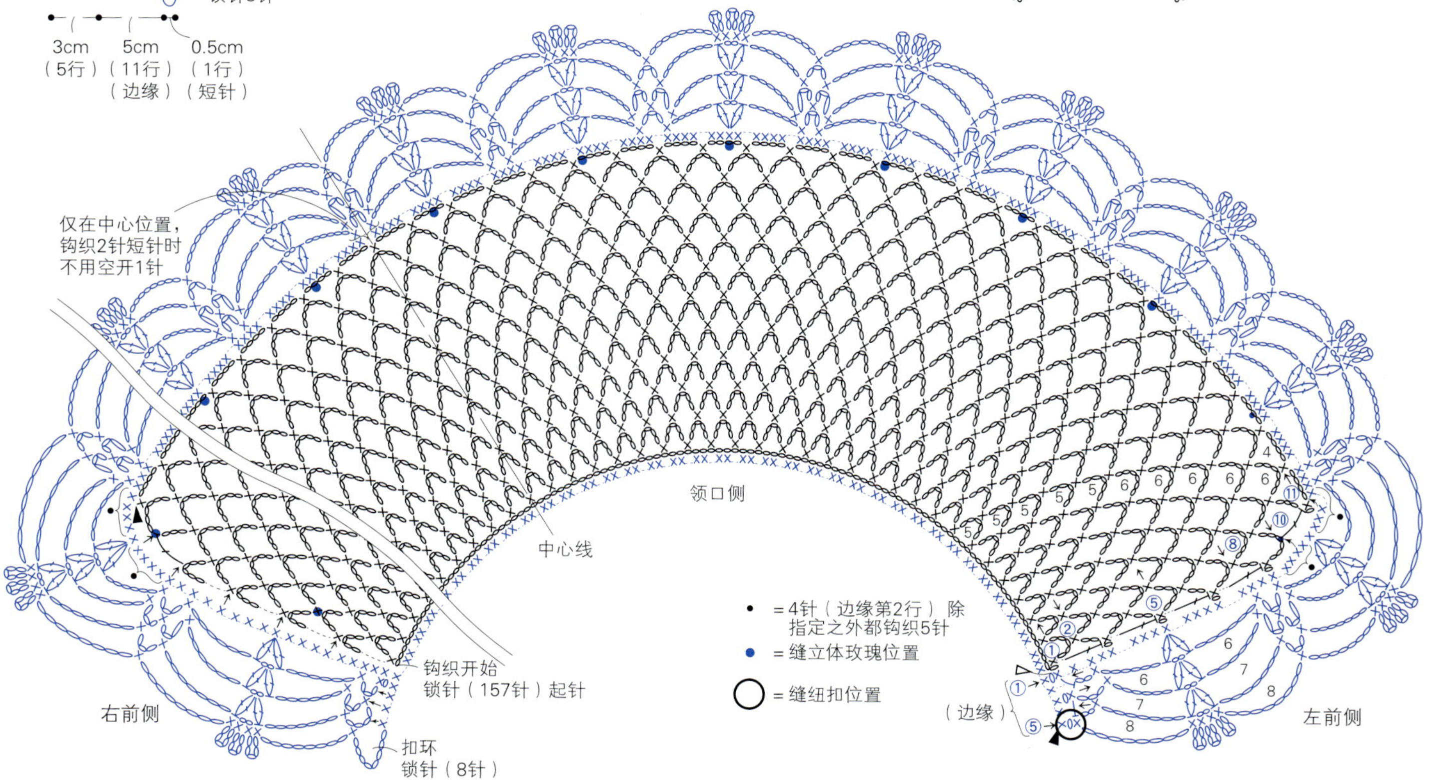

玫瑰花片 18片

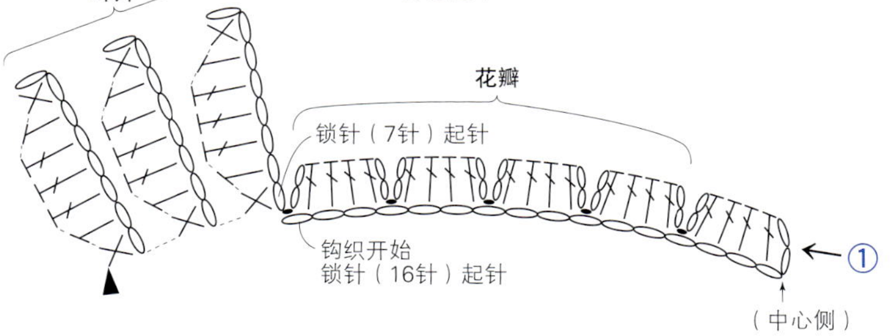

卷成立体玫瑰

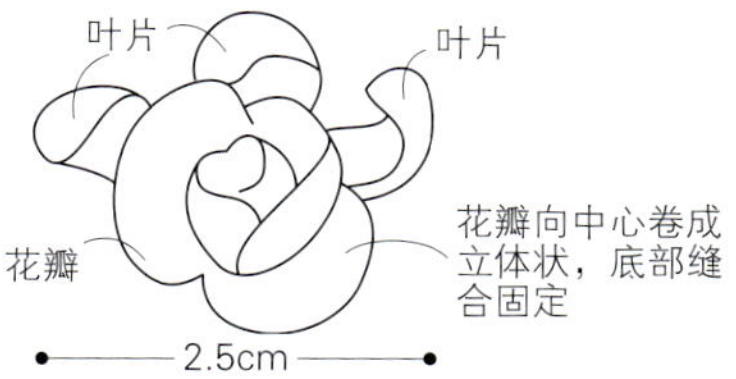

胸花

成品图p.34

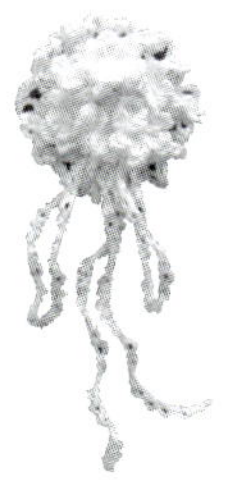

●**使用材料**

线：DMC Cébélia 30号 象牙白色（ECRU）10g

其他：宽25mm的胸针 1个

钩针：蕾丝钩针8号

完成尺寸：参照图示

●**钩织方法**

1 钩织基础部分和指定数量的花朵A、B。

2 将3片花朵B分别重叠缝在花朵A上。把组合好的花和剩余的3片花朵B排列好，缝在基础部分上。

3 钩织装饰绳，缝在基础部分下方。

4 在基础部分的背面缝胸针。

装饰绳

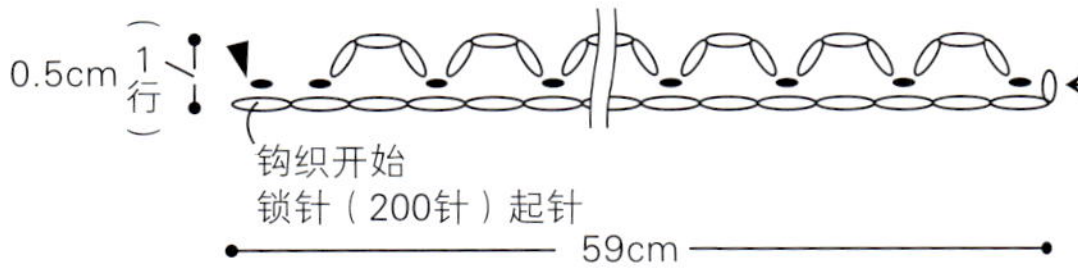

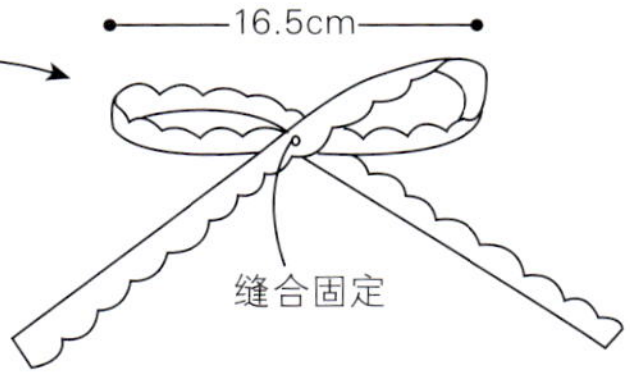

花朵A 3片

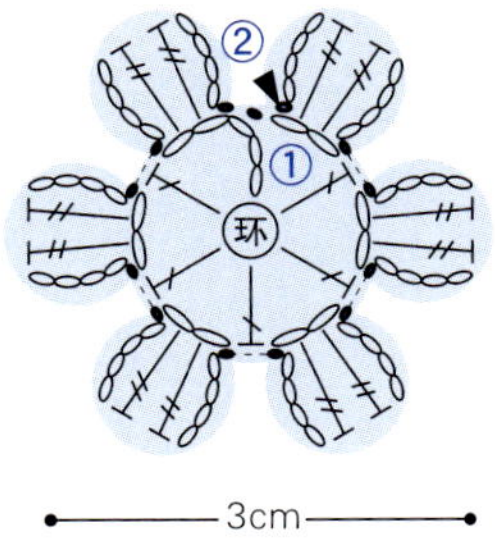

基础部分 1片

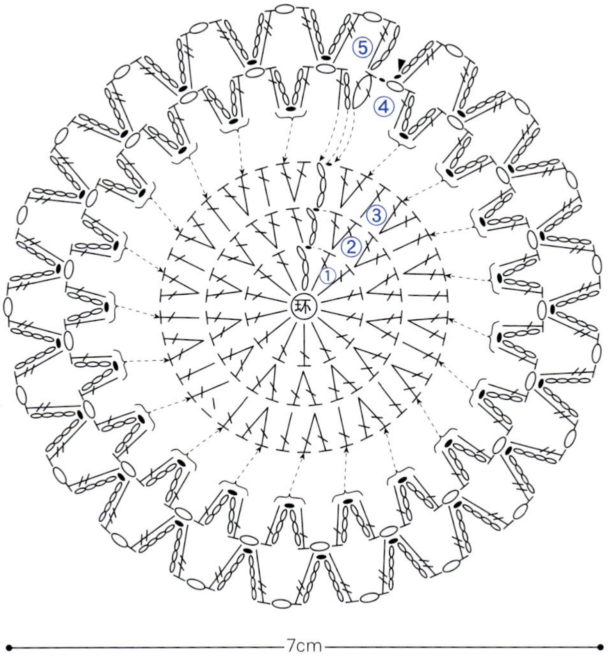

花朵B 6片

※其中3片分别与花朵A重叠缝合

组合方法

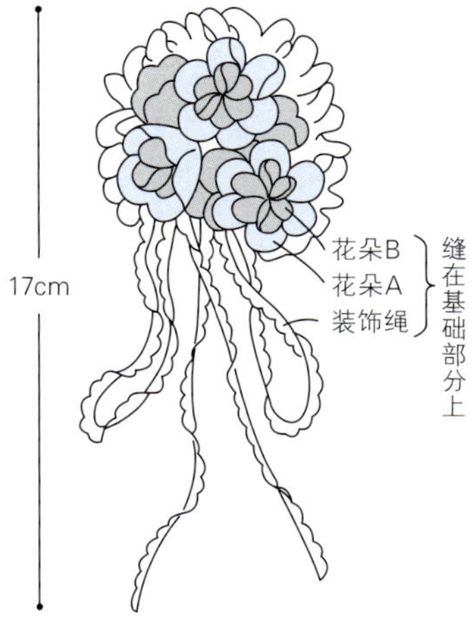

珍珠装饰领 I

成品图p.36

●使用材料

线：横田DARUMA蕾丝线30号 葵 原白色（2）25g

其他：TOHO 珍珠 5mm 亮白色（No.200） 25颗　水滴形珍珠10mm×6mm亮白色（No.200）22颗　手缝线（白色）

钩针：蕾丝钩针4号

完成尺寸：参照图示

●钩织方法

1　主体钩169针锁针起针，按照图解钩织13行花样。

2　从左前侧的系绳开始钩织，接着在起针针目一侧挑针，钩织边缘的第1行。
完成后继续钩织右前侧的系绳和边缘的第2行。

3　使用手缝线，把珍珠缝在边缘第1行和第2行之间的25处。

4　使用手缝线，把水滴形珍珠缝在花样第13行的22处狗牙拉针上。

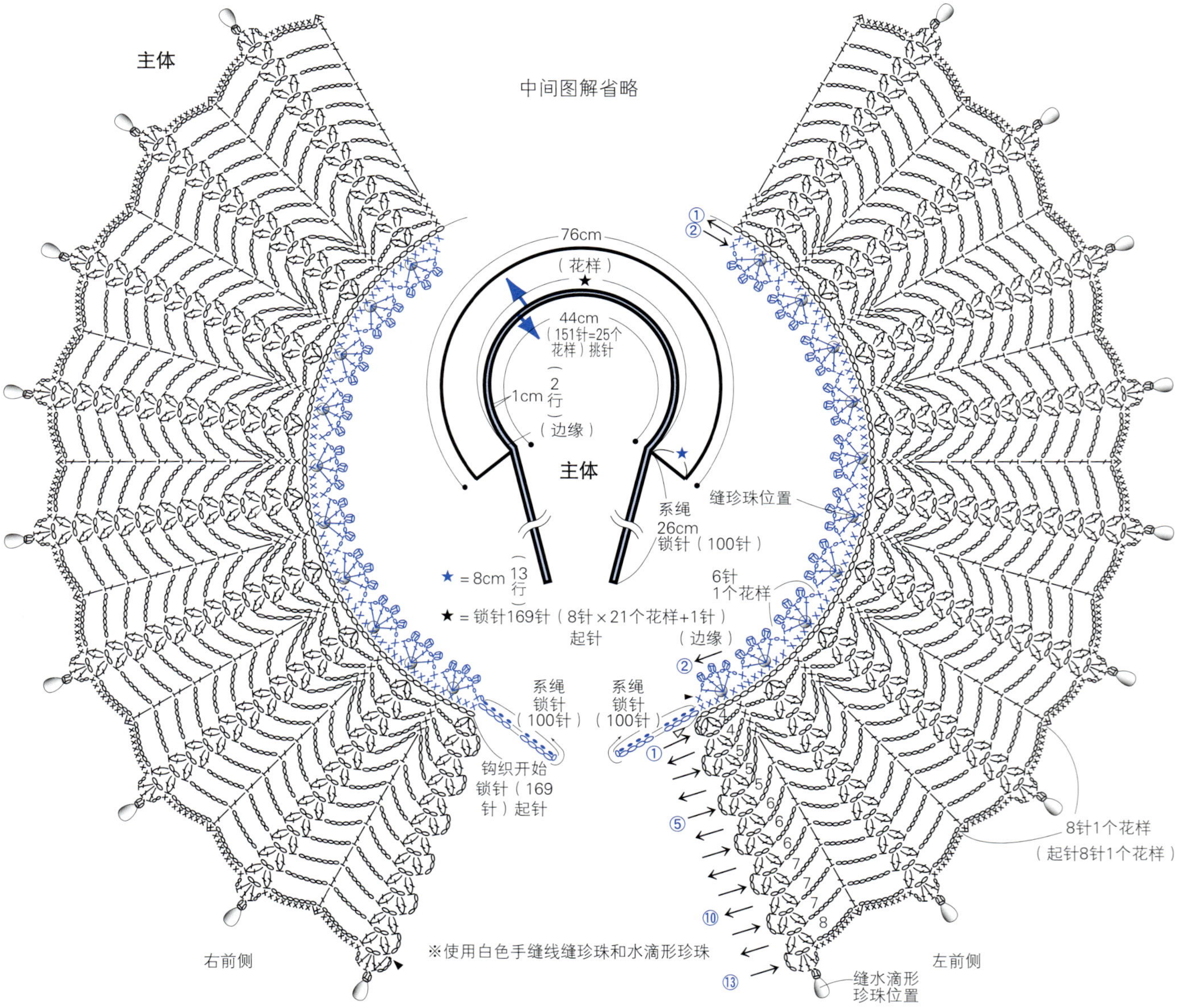

珍珠装饰领Ⅱ

成品图p.37

●使用材料

线：横田DARUMA蕾丝线30号 葵 黑色（14）20g

其他：TOHO 珍珠 5mm No.202枪灰色（No.202）23颗 小圆珠 枪灰色（81）111颗 手缝线（黑色）

钩针：蕾丝钩针4号

完成尺寸：参照图示

●钩织方法

1 主体钩169针锁针起针，按照图解钩织7行花样。

2 在左前侧的边缘加线，沿领口侧钩织1行短针。在右前侧的边缘钩织扣环，接着按照图解，钩织边缘的第2行花样。

3 参照“装饰的穿珠方法”，使用手缝线，把穿好的珠子缝在花样第7行的狗牙拉针上。

4 参照“纽扣的穿珠方法”，把穿好的珠子缝在左前侧的边缘，作为纽扣。

主体

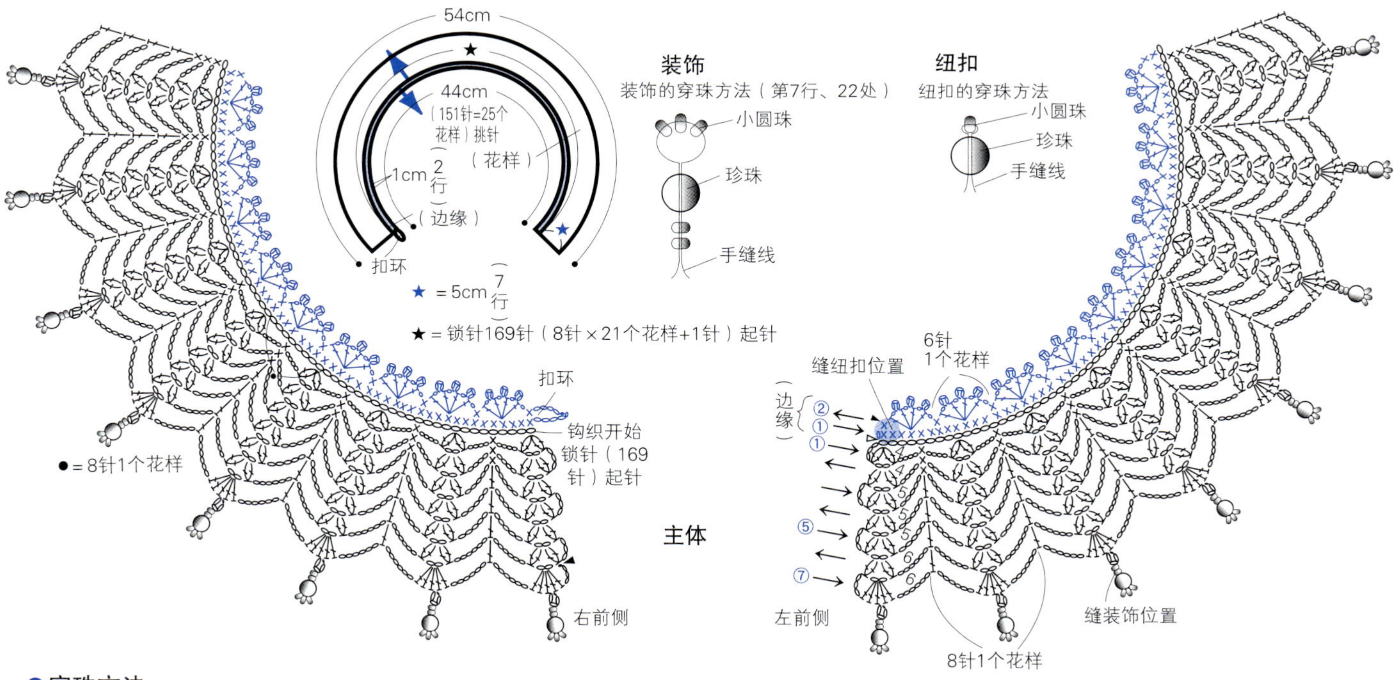

●穿珠方法

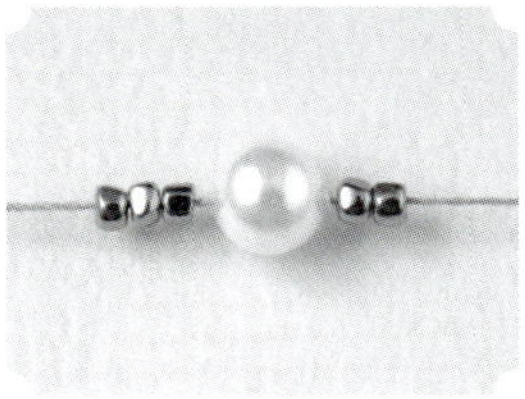

1 针上穿手缝线，依次穿上“2颗小圆珠、1颗珍珠、3颗小圆珠”。

2 把针再穿回珍珠和2颗小圆珠。

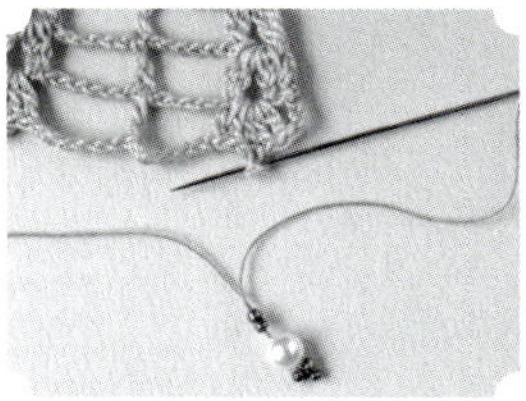

3 把针穿过织物的狗牙拉针（第7行）。

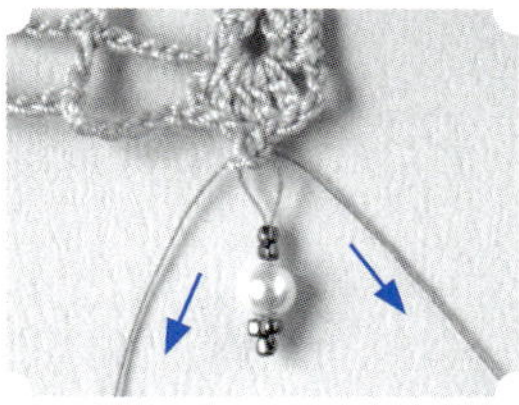

4 另一端的线头从反方向穿过狗牙拉针。拉紧线，打死结，把装饰固定在织物上。线头藏入织物背面。

后扣装饰领

成品图p.38
要点教程p.45

● **使用材料**

线：奥林巴斯Emmy Grande 米白色（851） 15g

其他：TOHO 珍珠 5mm 亮白色（No.200） 42颗（含纽扣用）

钩针：钩针2/0号

完成尺寸：参照图示

● **钩织方法**

1 主体钩169针锁针起针，继续钩织扣环。按照图解钩织2行花样，右侧挑针钩织20个花样，钩织至第8行。在前侧中心加线，钩织左侧，钩织至第8行。

2 先把41颗珍珠穿在钩织线上，按照图解钩织1行边缘，在钩织锁针处加入珍珠。

3 手指绕线环起针，按照图解钩织3行，把1颗珍珠包入织物，抽紧最后一行，完成纽扣，再缝在纽扣位置。

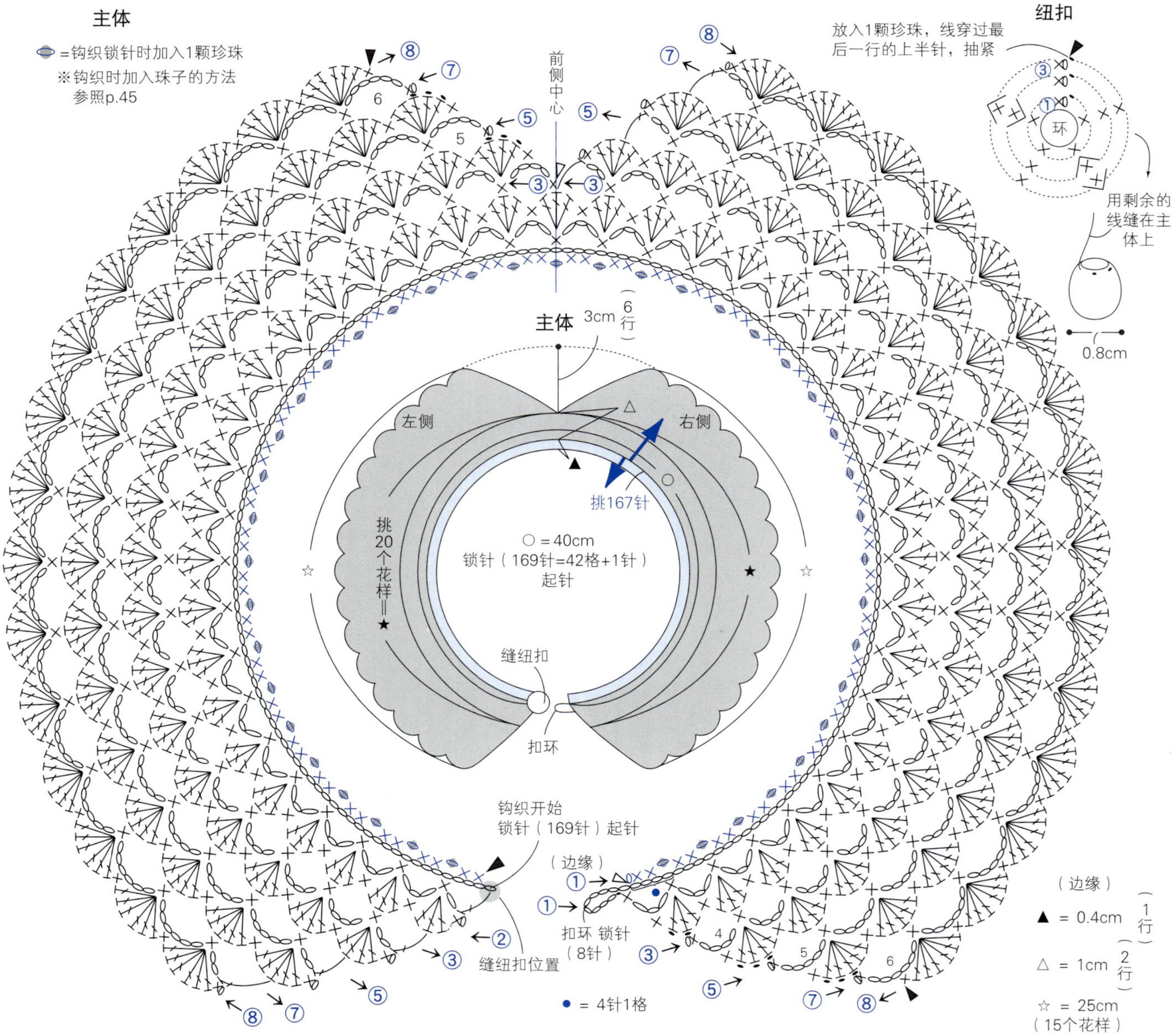

装饰领风格项链

成品图p.39
要点教程p.45

●**使用材料**

线：横田DARUMA蕾丝线30号 葵 米黄色（3）5g

其他：TOHO 珍珠 5mm 亮白色（No.200）18颗 大圆珠 古铜色（221）356颗 椭圆链（a-668）古董金色 卡扣（a-500）古董金色

钩针：蕾丝钩针2号

完成尺寸：参照图示

●**钩织方法**

1 钩织主体前，先根据“穿珠方法”把钩织花样需要使用的珠子穿在钩织线上。钩51针锁针起针，按照图解钩织7行花样，钩织过程中加入珠子，钩织完成后断线。

2 把钩织边缘需要使用的珠子穿在线上，按照图解钩织边缘，钩织过程中加入珠子。按照同样的方法完成2片主体织物。

3 将2片织物对齐，中心缝合。

4 两端安装项链配件。

穿珠方法

花样（1~7行）

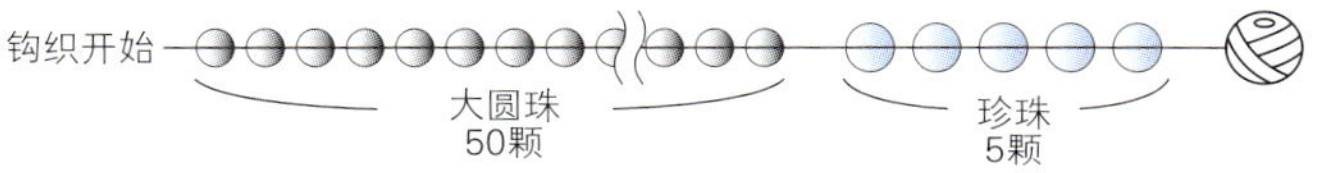

边缘（1~3行）

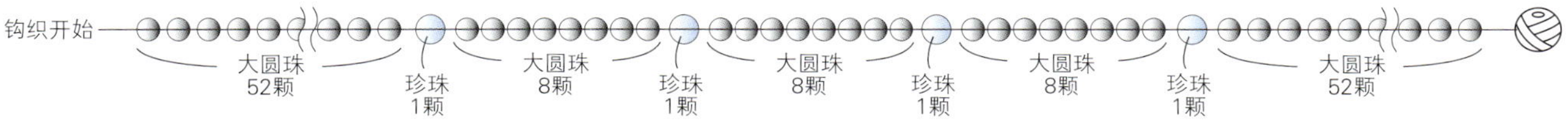

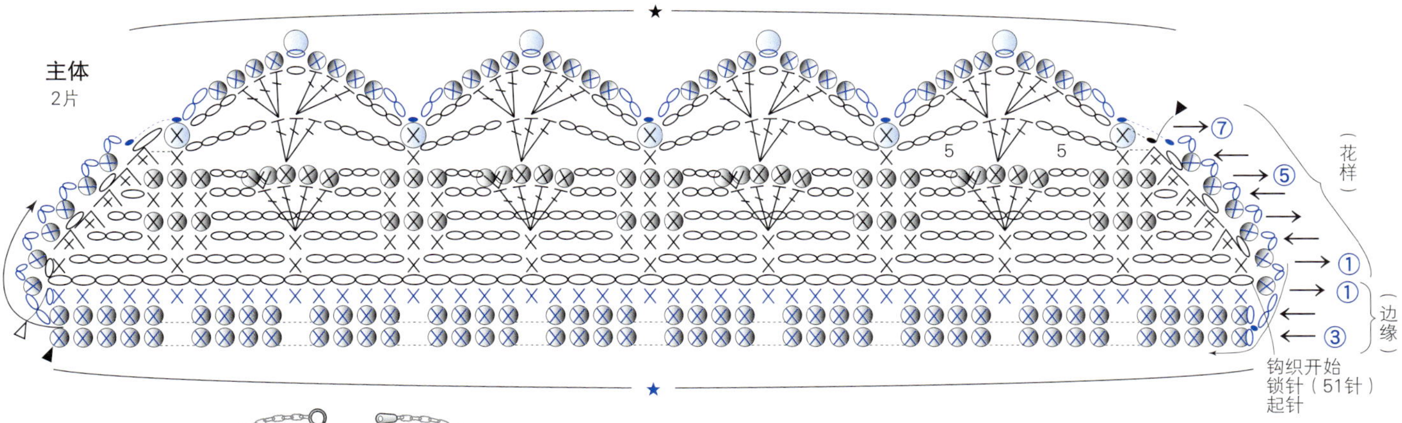

…钩织时加入大圆珠的位置（178颗）

…钩织时加入珍珠的位置（9颗）

※钩织时加入珠子的方法参照p.45

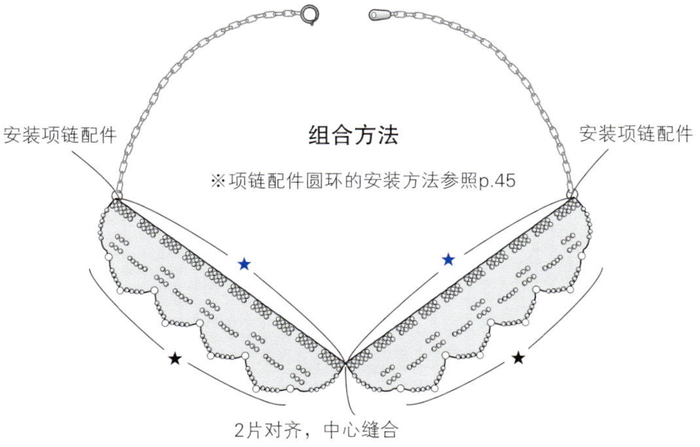

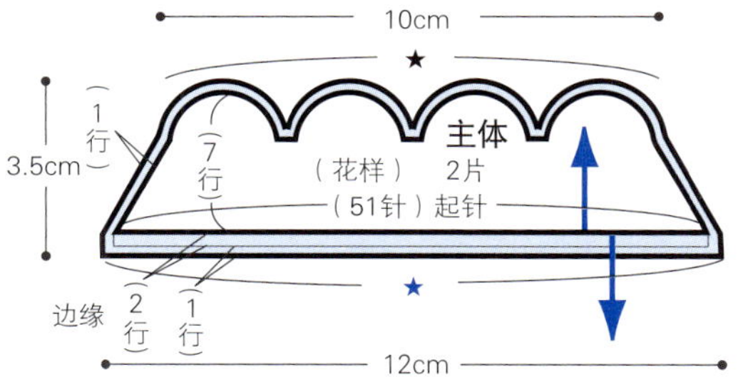

小绒球装饰领 I

成品图p.40

●**使用材料**

线：奥林巴斯Emmy Grande 米白色（851） 15g

其他：直径8mm的纽扣（金色） 1颗

钩针：钩针2/0号

完成尺寸：参照图示

●**钩织方法**

1 主体钩113针锁针起针，按照图解钩织4针锁针的网眼（带3针锁针的狗牙拉针），钩织至第6行，第7行开始钩织5针锁针的网眼（带3针锁针的狗牙拉针），第9行和第11行加入爆米花针。

2 主体钩织完成后，继续沿着右前侧、领口侧、左前侧钩织边缘。

3 在左前侧的边缘缝纽扣。

主体

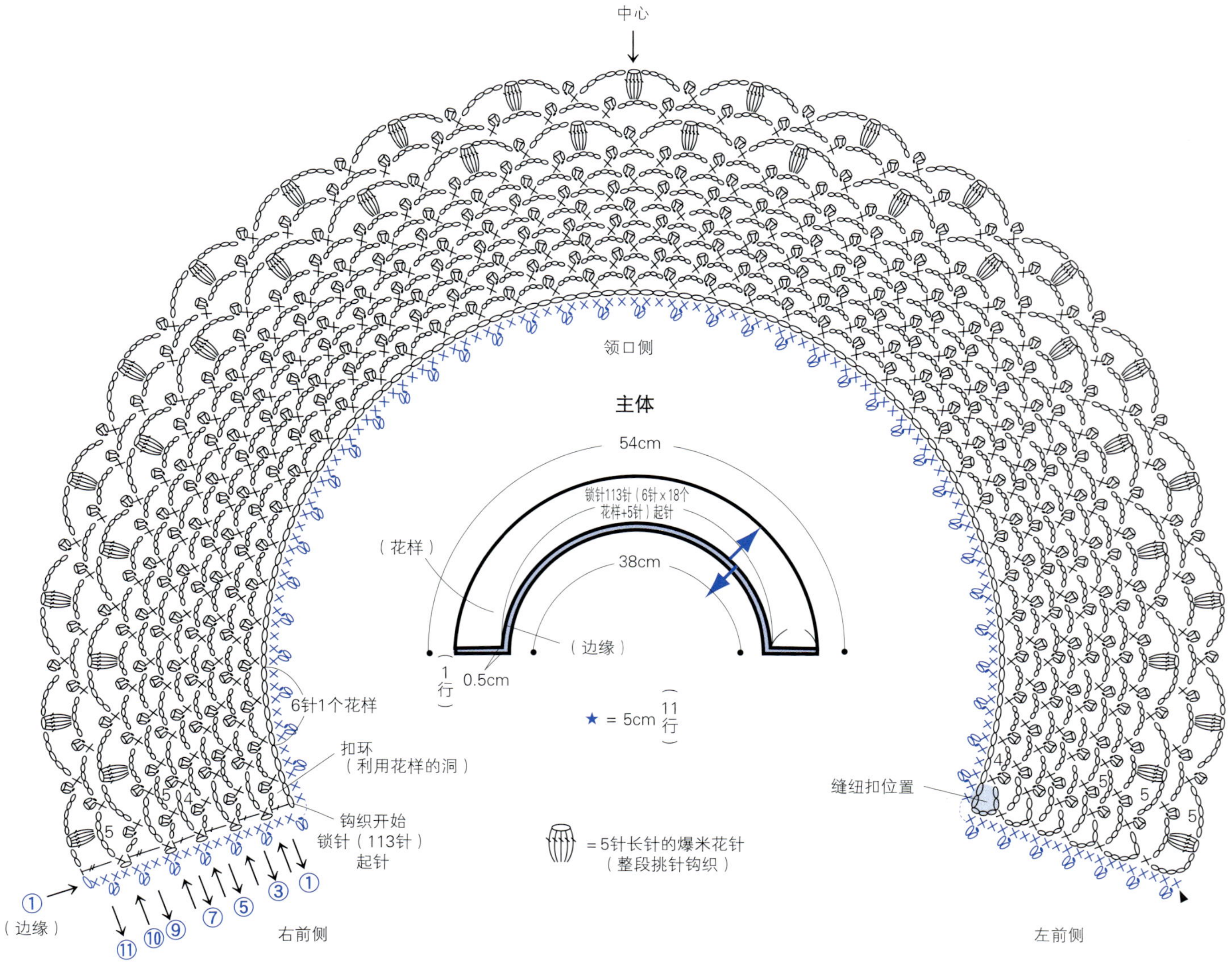

小绒球装饰领Ⅱ

成品图p.41

●使用材料

线：奥林巴斯Emmy Grande 黑色（901）40g

钩针：钩针2/0号

完成尺寸：参照图示

●钩织方法

1 主体钩143针锁针起针，按照图解，和作品Ⅰ同样的方法，钩织19行花样。继续钩织1行边缘。

2 手指绕线环起针，钩织6行短针。线穿过最后一行的上半针，包入同色线，抽紧，完成抽绳装饰。

3 抽绳钩300针锁针起针，穿过主体的第1行，两端缝抽绳装饰。

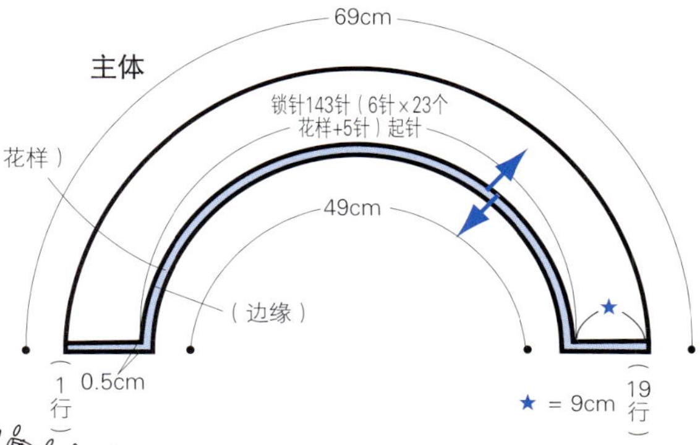

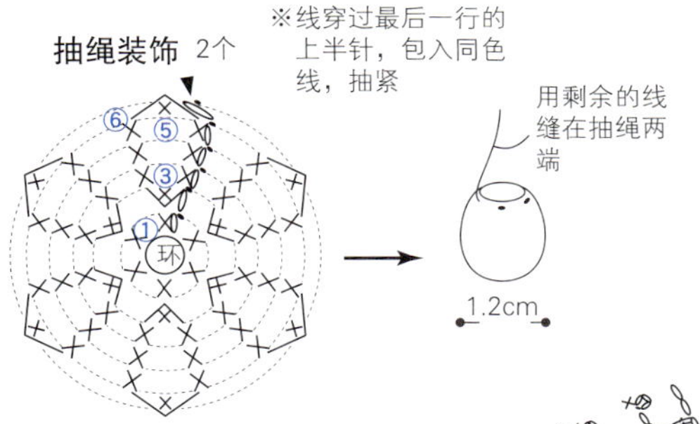

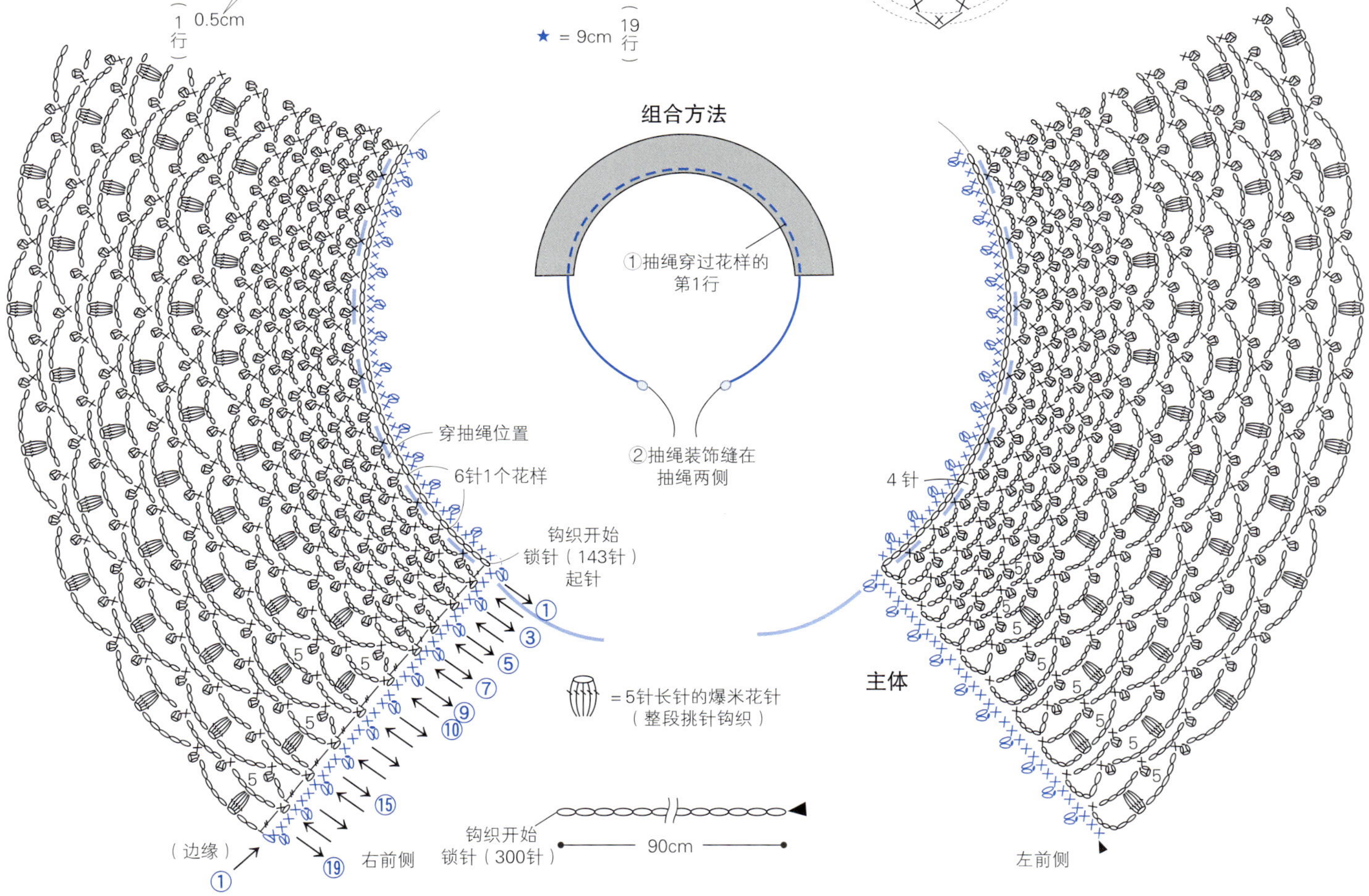

蔷薇花装饰领 I

成品图p.6

●使用材料

线：DMC Cébélia 10号 象牙白色（ECRU）15g 砂米色（842）10g

其他：直径10mm的纽扣（白色）1颗

钩针：蕾丝钩针2号

完成尺寸：参照图示

●钩织方法

1 花朵使用砂米色线，手指绕线环起针，按照图解钩织3行，再使用象牙白色线钩织6行。共钩织9片。

2 叶片使用砂米色线，按照图解钩织7行，钩织第7行时与花朵连接。共钩织8片。9片花朵和8片叶片完成连接。

3 钩织10个果实，钩织过程中与花朵和叶片连接。在右前侧的果实上钩织扣环，参考图示钩织左前侧的果实（形状和其他果实略有不同）。

4 在左前侧的边缘缝纽扣。

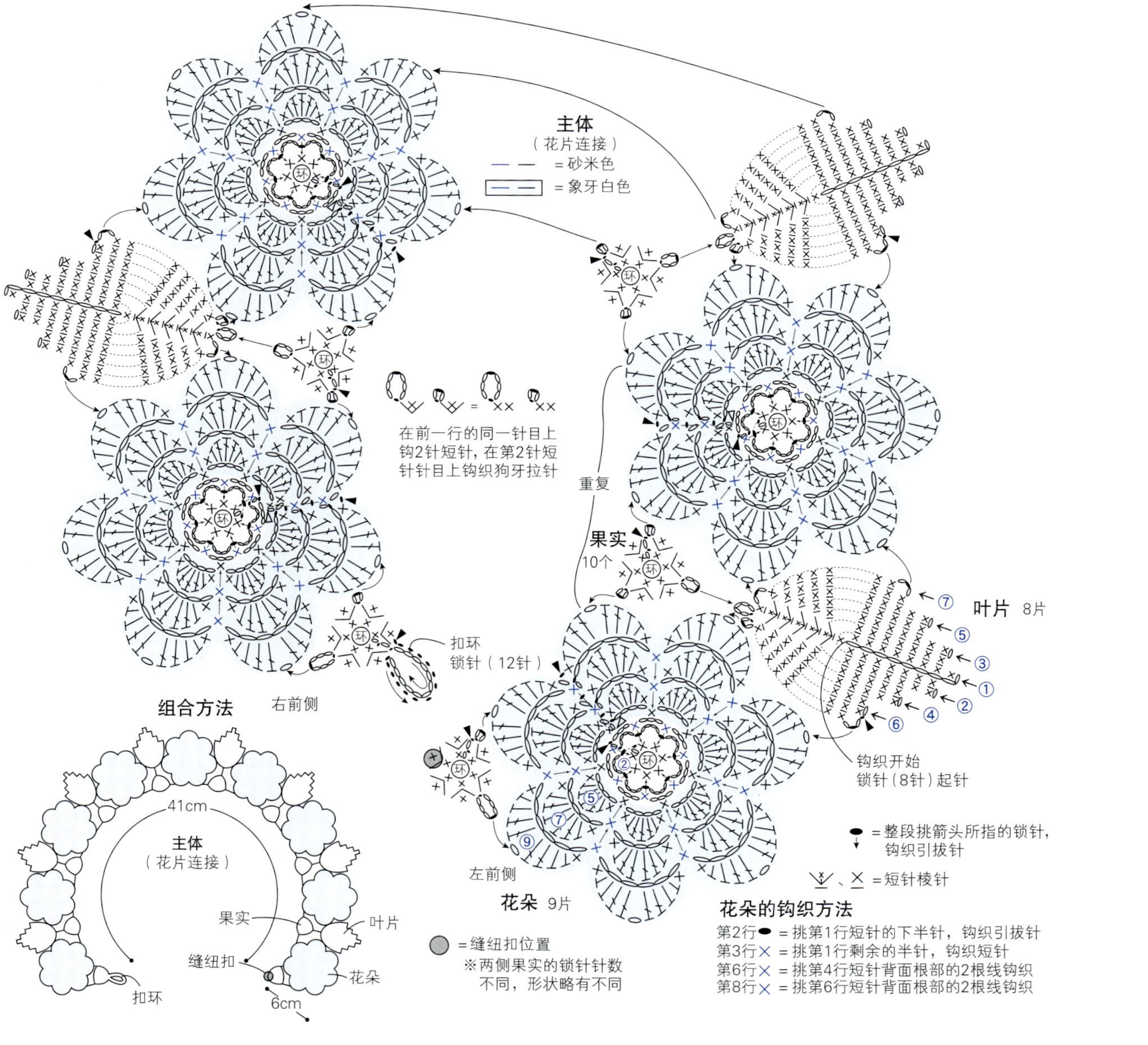

衬衫领装饰领 Ⅰ Ⅱ

成品图　Ⅰ：p.30　Ⅱ：p.31

Ⅰ

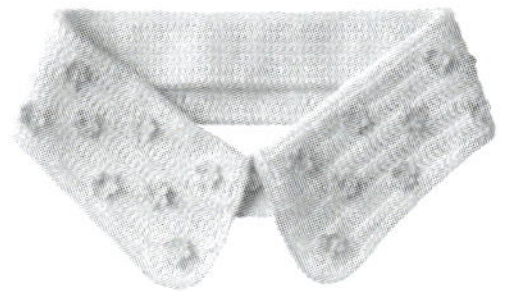

Ⅱ

●使用材料

Ⅰ

线：奥林巴斯Emmy Grande 黑色（901） 50g 金票40号蕾丝线 黑色（901）5g

其他：直径15mm的纽扣（黑色） 1颗

Ⅱ

线：奥林巴斯Emmy Grande 原白色（804） 30g 金票40号蕾丝线 米黄色（731）5g

其他：直径10mm的珍珠纽扣（米白色） 1颗

钩针（通用）：蕾丝钩针6号 钩针2/0号

完成尺寸（通用）：参照图示

●钩织方法（基本领部分通用）

Ⅰ

1. 面领钩128针锁针起针，右侧留出3针，挑125针钩织第1行。第2行按照图解加针至157针，钩织花样至第26行。
2. 按照p.91的图解钩织基本领。在面领起针的左侧加线，钩3针锁针起针，挑133针，钩织11行短针。
3. 沿面领和基本领分别钩织2行边缘。
4. 钩织指定数量的花片a、b，缝在面领的指定位置。
5. 缝纽扣。

Ⅱ

1. 面领钩128针锁针起针，右侧留出3针，挑125针，按照图解钩织花样，钩织至第14行。
2. 基本领在面领起针的左侧加线，钩3针锁针起针，挑133针，钩织11行短针。
3. 沿面领和基本领分别钩织2行边缘。
4. 钩织29片花片，缝在面领的指定位置。
5. 在左前侧的边缘缝纽扣。

Ⅰ 主体

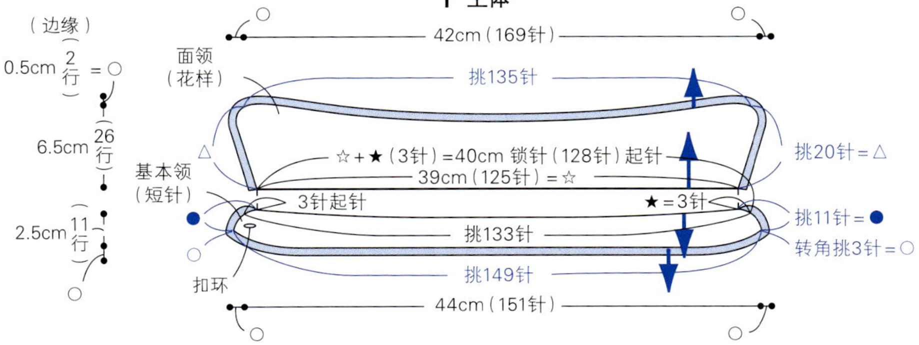

花片

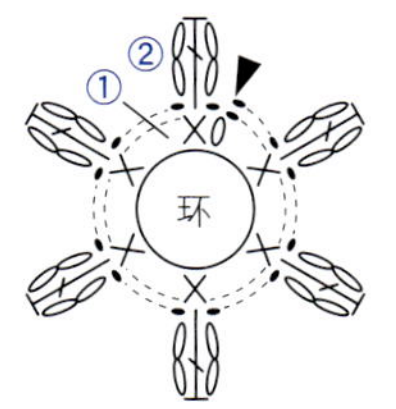

Ⅰ = a：2cm
b：1.5cm
Ⅱ = 1.5cm

Ⅱ 主体

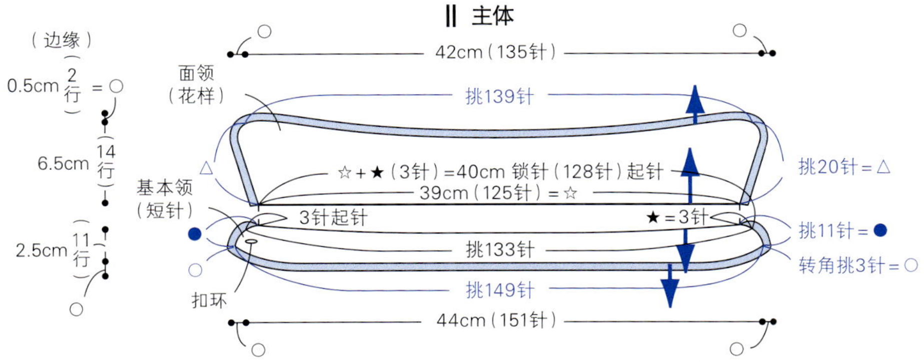

花片的线材和数量

Ⅰ	花片a	第1、2行	Emmy Grande	15片
Ⅰ	花片b	1行	Emmy Grande	30片
		2行	金票40号蕾丝线	
Ⅱ		第1、2行	金票40号蕾丝线	29片

※Emmy Grande使用2/0号钩针
金票40号蕾丝线使用6号蕾丝钩针

组合方法

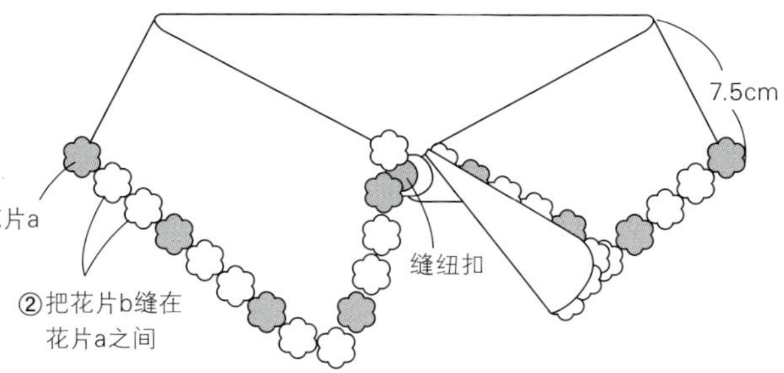

※面领的钩织方法参照p.91作品 II 的图解
※把图解后侧中心的 —— 线重叠使用

※面领和基本领的边缘，分别使用2/0号钩针、Emmy Grande线钩织第1行，使用6号蕾丝钩针、金票40号蕾丝线钩织第2行

面领（左侧）

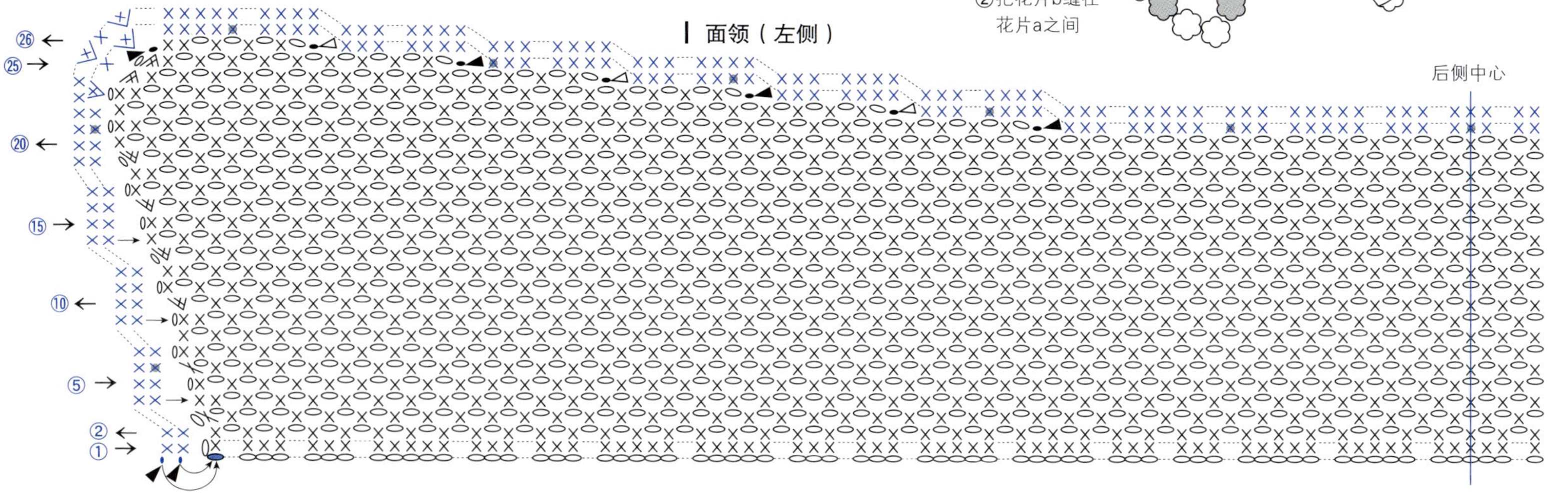

= 缝花片a位置

面领（右侧）

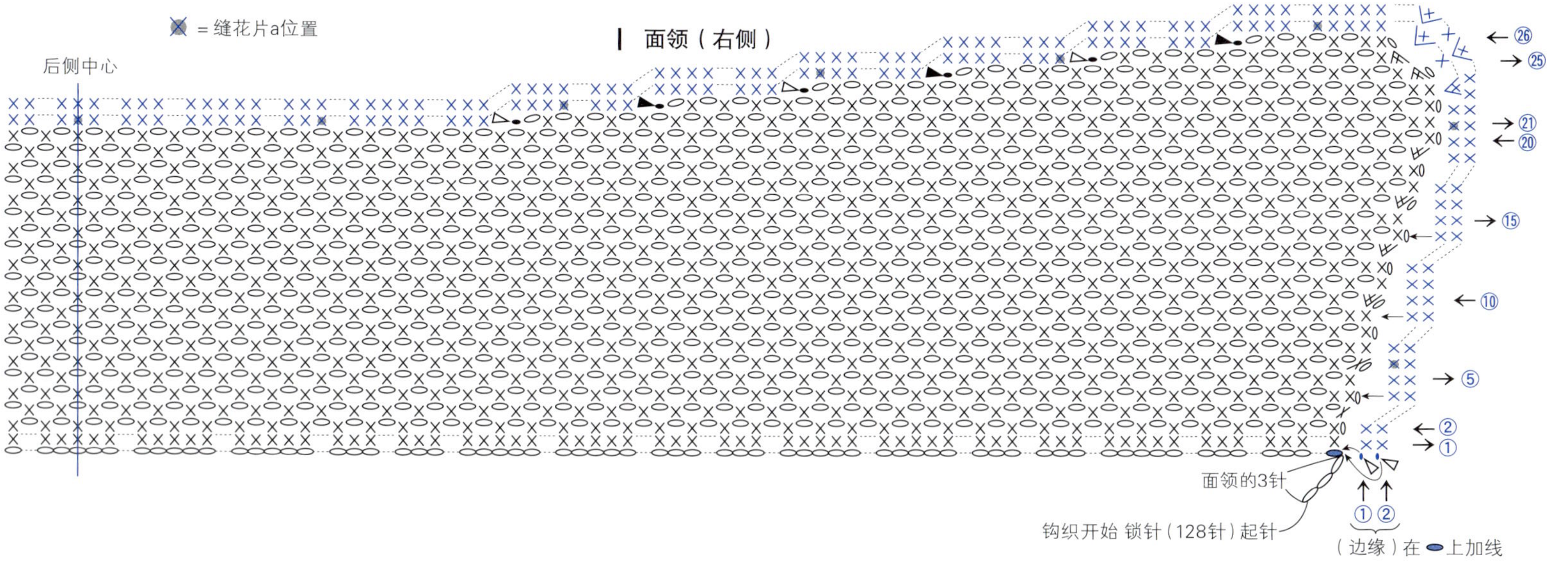

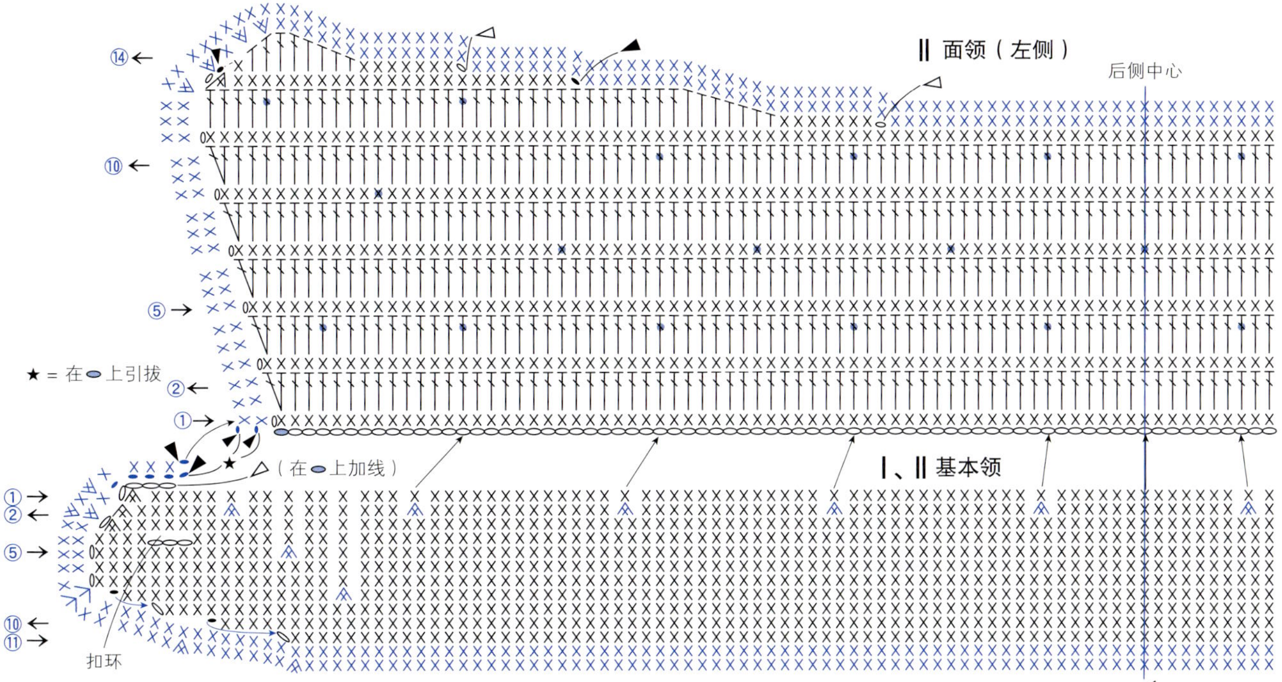

边缘的 ⋎ = ⋎ 的省略

⌒ = 渡线

缝花片位置

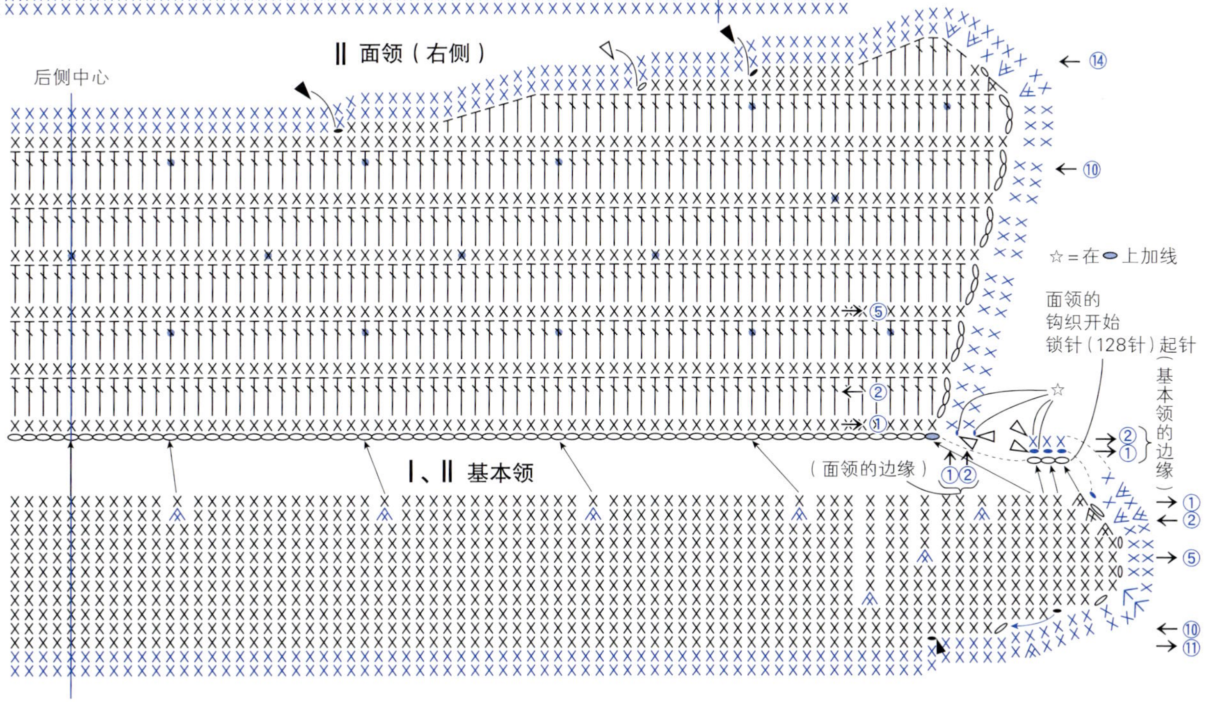

※面领和基本领的边缘，分别使用2/0号钩针、Emmy Grande线钩织第1行，使用6号蕾丝钩针、金票40号蕾丝线钩织第2行

※把图解后侧中心的 —— 线重叠使用

Ⅱ 组合方法

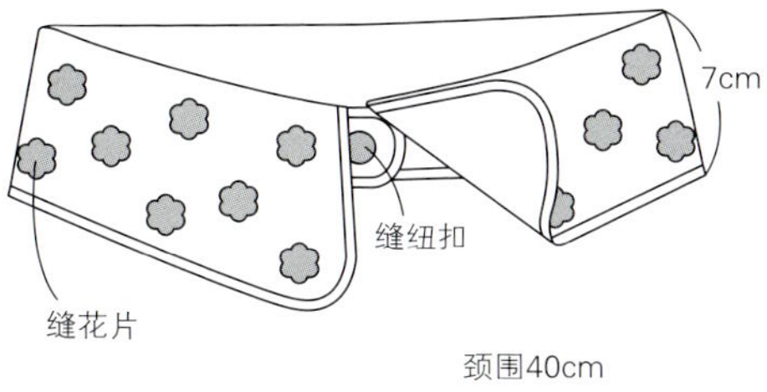

钩针钩织基础

看钩织符号图的方法

本书中的图解全部是织物从正面看到的样子。在钩针钩织中没有正针和反针的区别（正、反拉针除外），在片织的情况下，正面和背面的图解所用的符号都是相同的，两面交替向前钩织。

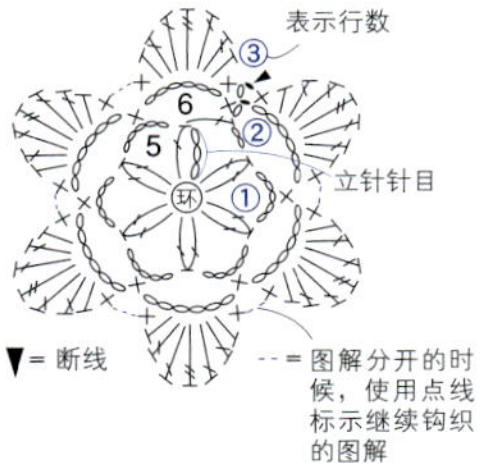

环形钩织（圈织）
中心用手指绕线环（或是钩织锁针环）起针，每一行围成圆形钩织。每一行开始时钩织立针。织物正面朝前，按照图解从中心向外钩织。

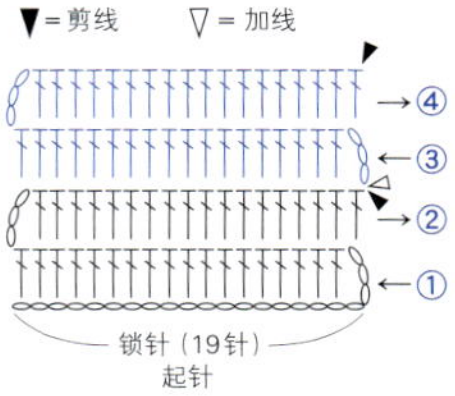

往返钩织（片织）
片织的一个特征就是左右两侧都有立针。立针在右侧时，织物正面朝前，按照图解从右向左钩织。立针在左侧时，织物背面朝前，按照图解从左向右钩织。图示的图解中，第3行更换了配色线。

锁针针目

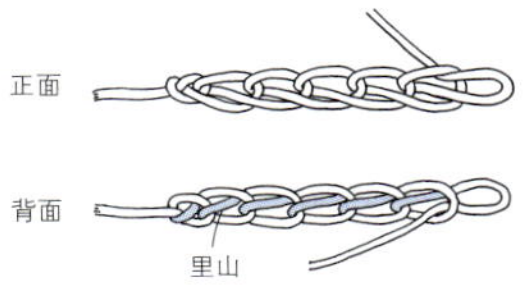

锁针的针目有正面和背面之分。背面中间的1根线叫锁针的“里山”。

持针拿线的方法

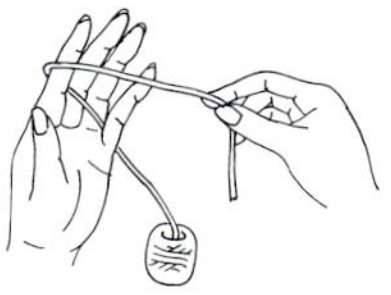
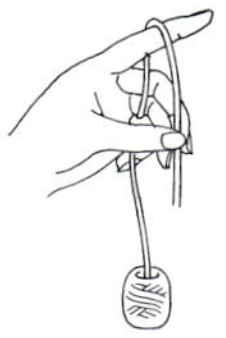
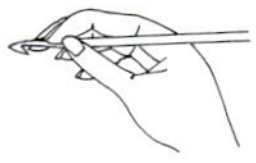

1 将线夹在左手的小指和无名指之间，向前拉出线，挂在左手食指上，线头置于前侧。

2 左手拇指和中指捏住线头，竖起食指将线绷紧。

3 右手拇指和食指握住钩针，再用中指轻轻按住针头。

起始针的钩法

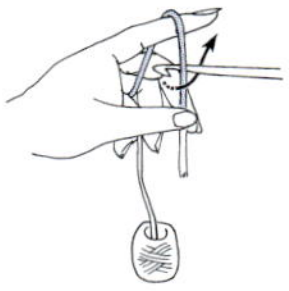
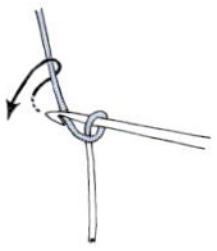
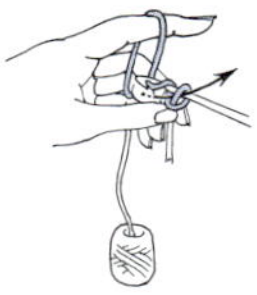
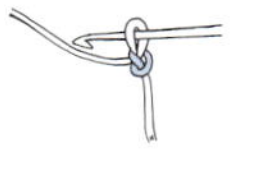

1 钩针置于线的后侧，沿着箭头方向，转动针头。

2 钩针挂线。

3 将线从线环中拉出。

4 拉线头，抽紧线环，完成起始针（这一针不计入针数）。

起针

●环形钩织（手指绕线环起针）

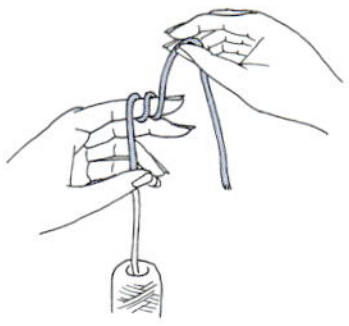
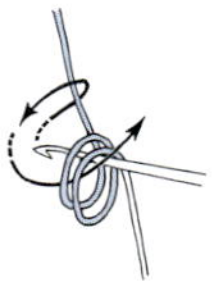
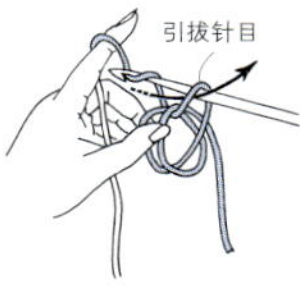

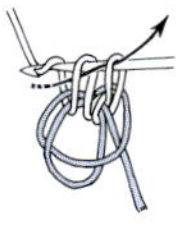
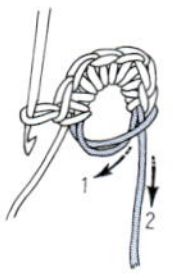

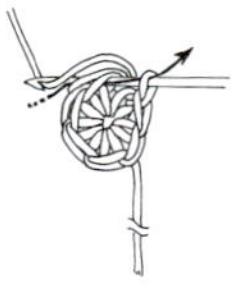

1 将线在左手的食指上绕两圈，形成线环。

2 取下线环，用手捏住，钩针插入线环中，挂线引拔。

3 钩针再次挂线引拔，钩1针锁针，作为立针。

4 钩针插入线环中，钩出需要针数的短针，作为第1行。

5 先退出钩针，抽拉线环和线头，抽紧线环。

6 完成第1行，将钩针插入第1针短针针目，挂线引拔。

●环形钩织（钩织锁针围成线环）

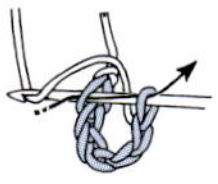
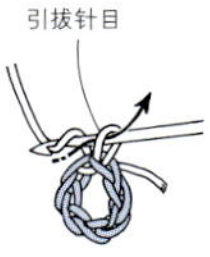

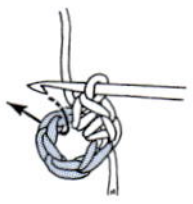
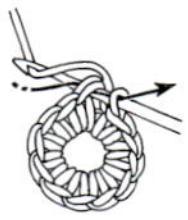

1 钩织需要数量的锁针，钩针插入第一针锁针的半针，挂线引拔。

2 钩针挂线引拔。这是作为立针的1针锁针。

3 钩针插入线环中，在锁针上整段挑针，钩出需要数量的短针，作为第1行。

4 完成第1行，将钩针插入第1针短针针目，挂线引拔。

●片织

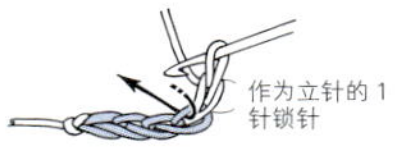

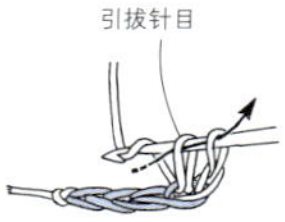

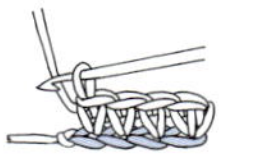

1 钩织需要数量的锁针和作为立针的锁针，钩针插入倒数第2针，挂线引拔。

2 钩针挂线，沿着箭头方向引拔。

3 钩织完成第1行（立针的1针锁针不计入针数）。

在前一行针目上的挑针方法

虽然是同样的枣形针，但是根据符号的不同，挑针的方法也不同。符号下方是闭合的时候，钩针插入前一行的同一针针目，挑针钩织。符号下方是打开的时候，钩针在前一行的锁针上整段挑针钩织。

●在同一针针目上挑针钩织

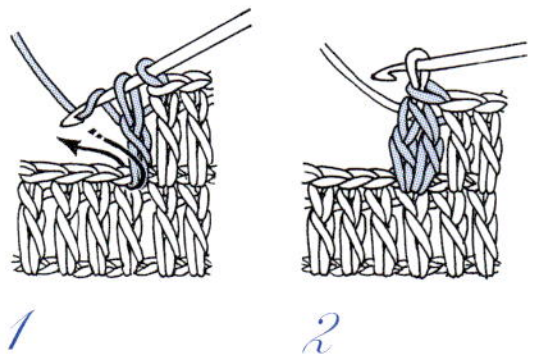

●在锁针上整段挑针钩织

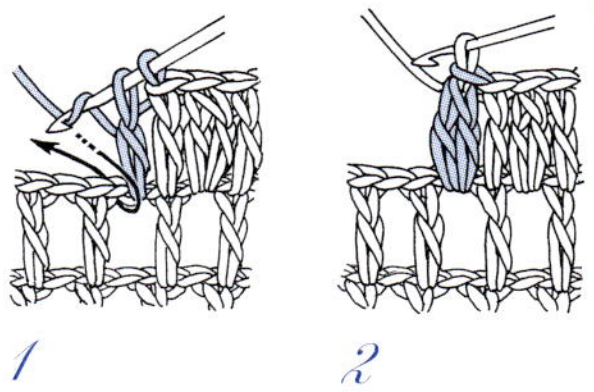

钩织针法符号

●锁针

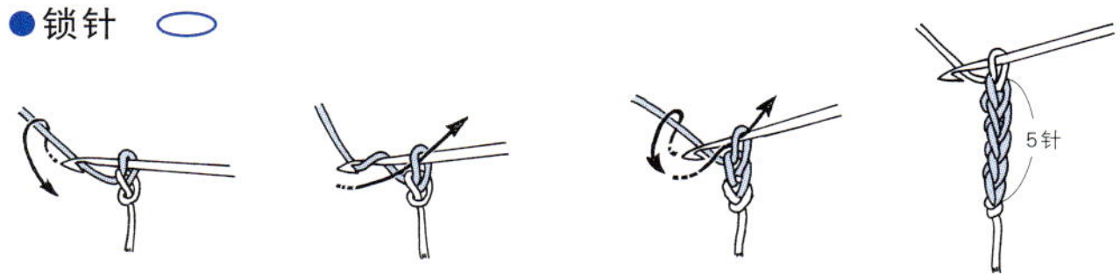

1 完成起始针，钩针挂线。

2 引拔，完成1针锁针。

3 重复步骤1、2，继续钩织。

4 完成5针锁针。

●引拔针

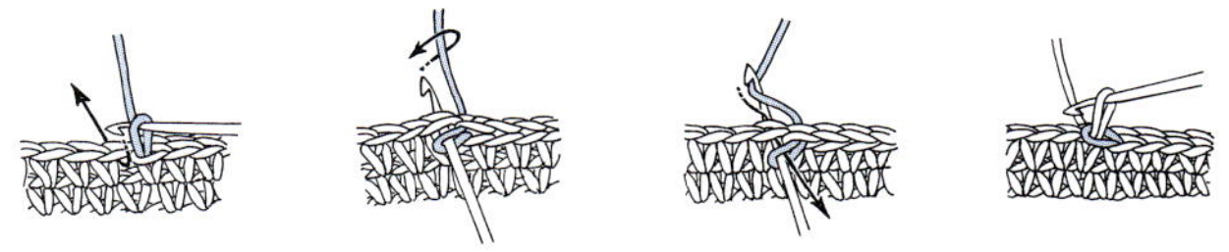

1 钩针插入前一行针目。

2 钩针挂线。

3 引拔。

4 完成1针引拔针。

●短针

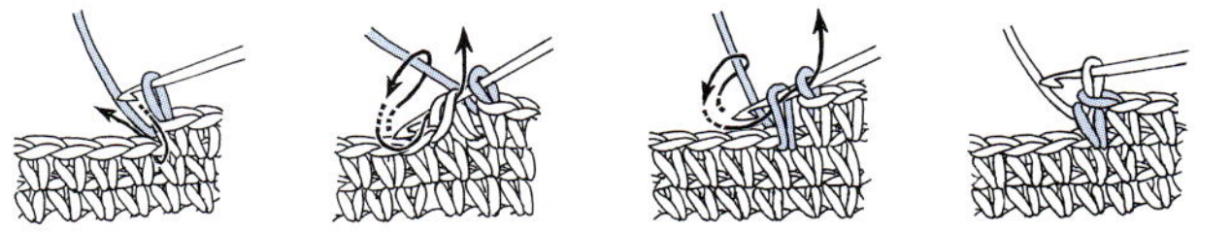

1 钩针插入前一行针目。

2 钩针挂线，沿箭头方向拉过线圈（引拔后的状态即为未完成的短针）。

3 钩针再一次挂线，一次钩过针上的2个线圈。

4 完成1针短针。

●中长针

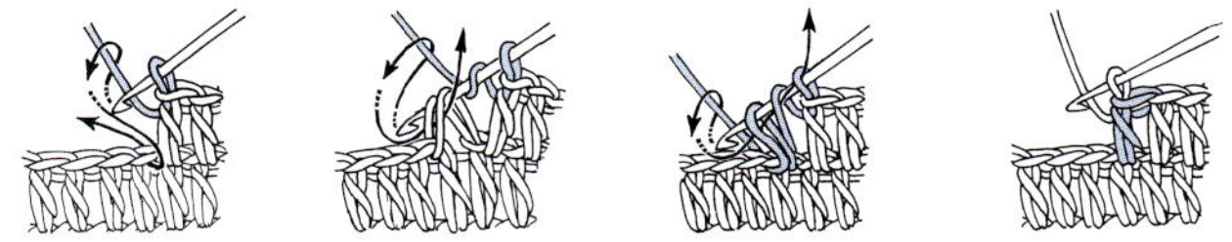

1 钩针挂线，再将钩针插入前一行针目。

2 钩针挂线，沿箭头方向拉过线圈（引拔后的状态即为未完成的中长针）。

3 钩针再一次挂线，一次钩过针上的3个线圈。

4 完成1针中长针。

●长针

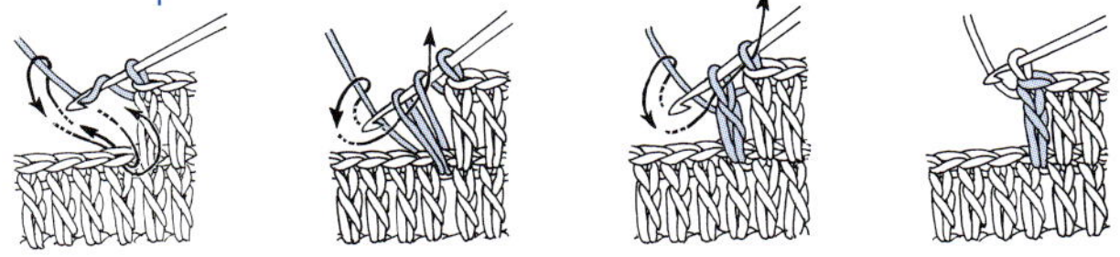

1 钩针挂线，再将钩针插入前一行针目，钩针再一次挂线，沿箭头方向拉过线圈。

2 沿箭头方向，钩针挂线，一次钩过针上的2个线圈（这一状态即为未完成的长针）。

3 钩针再一次挂线，沿箭头方向一次钩过针上剩余的2个线圈。

4 完成1针长针。

●长长针　3卷长针

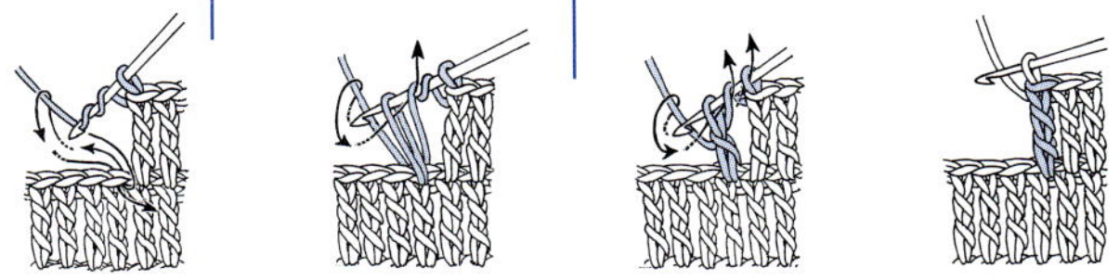

1 钩针绕线2圈（3卷长针绕线3圈），再将钩针插入前一行针目，钩针挂线，沿箭头方向拉过线圈。

2 沿箭头方向，钩针挂线，一次钩过针上的2个线圈。

3 以步骤2同样的方法，重复2次（3卷长针为重复3次）。

4 完成1针长长针（完成3卷长针）。

●短针2针并1针

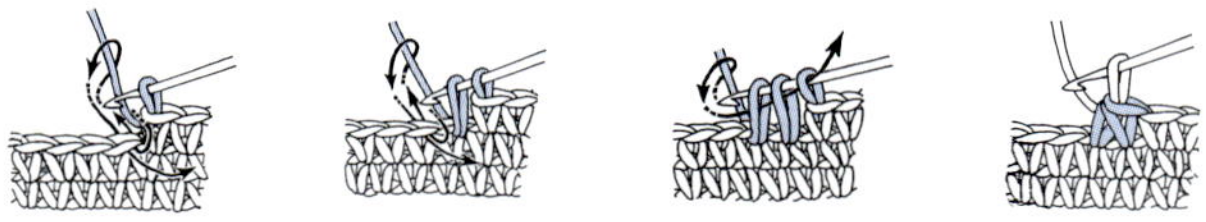

1 沿箭头方向，钩针插入前一行的1针针目，引拔拉出线圈。

2 以同样的方法，在下一针针目中引拔拉出线圈。

3 钩针挂线，沿箭头方向，一次钩过针上的3个线圈。

4 完成短针2针并1针。比前一行减少1针。

●1针放2针短针

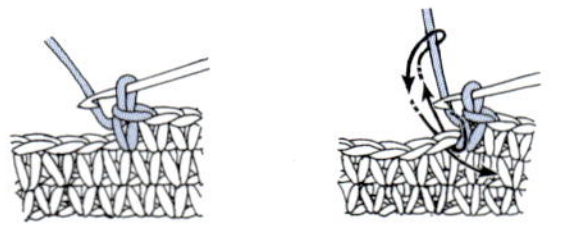

1 在前一行的针目上钩1针短针。

2 钩针插入同一针目，再钩1针短针。

●1针放3针短针

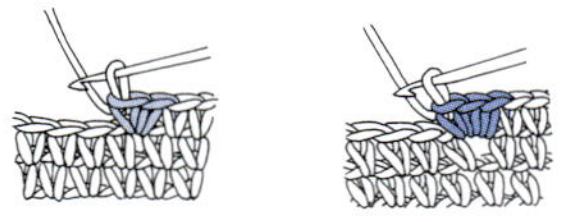

3 在前一行的1针针目上钩出2针短针。比前一行增加1针。

4 3针就是在同一针目上再多钩1针短针。在前一行的1针针目上钩出3针短针。比前一行增加2针。

●短针棱针

※除短针之外针法的棱针，以同样的方法挑前一行针目的上半针，钩织指定针法即可

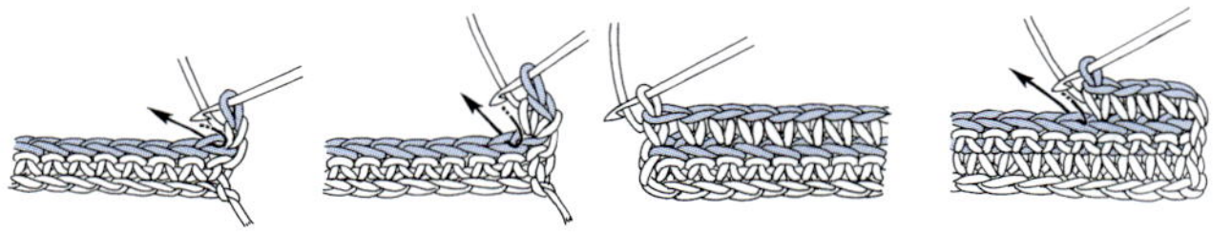

1 钩针沿箭头方向插入前一行针目的上半针。

2 钩织短针。以同样的方法，钩针插入下一针针目的上半针。

3 钩织至一侧边端，翻转织物。

4 以步骤1、2同样的方法，钩针插入针目的上半针，钩织短针。

●短针条纹针

※除短针之外针法的条纹针，以同样的方法，挑前一行针目的上半针，钩织指定针法即可

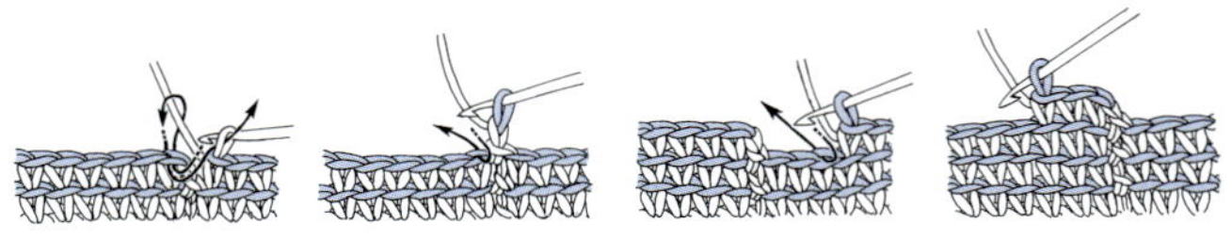

1 正面朝前钩织每一行。钩织一圈短针，在第1针上引拔。

2 钩1针锁针作为立针，挑前一行针目的上半针，钩织一圈短针。

3 以同样的方法重复步骤2，继续钩织短针。

4 留出前一行的下半针形成条纹。图为钩织短针条纹针至第4行。

●长针2针并1针

※超出2针的针数，或是除长针之外的针法，都以同样的方法，钩织指定数量和针法的未完成针目，钩针最后挂线，一次钩过针上剩余的线圈即可

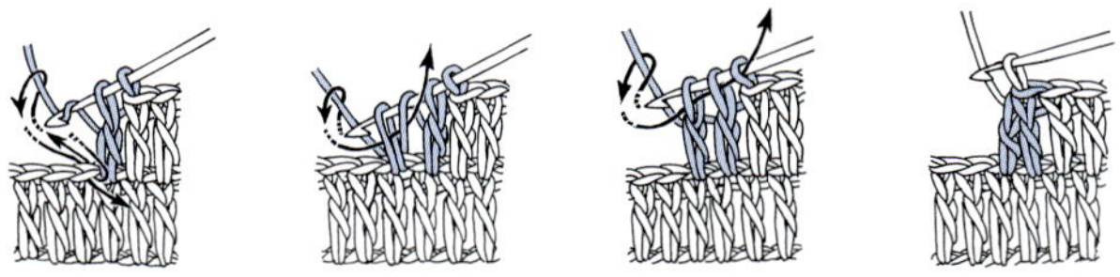

1 在前一行的针目中钩织1针未完成的长针，沿箭头方向，钩针插入下一针针目，引拔。

2 钩针挂线，一次钩过针上的2个线圈，钩织第2针未完成的长针（参照p.93）。

3 沿箭头方向，钩针挂线，一次钩过针上的3个线圈。

4 完成长针2针并1针。比前一行减少1针。

●1针放2针长针

※超出2针的针数，或是除长针之外的针法，以同样的方法在前一行的同一针目上钩织指定数量和针法的针目即可

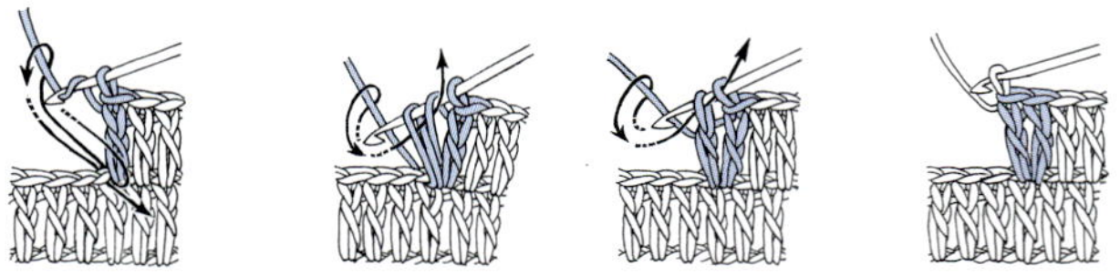

1 在钩织长针的同一针目上，再钩织1针长针。

2 钩针挂线，一次钩过针上的2个线圈。

3 钩针再一次挂线，一次钩过针上剩余的2个线圈。

4 完成在前一行的1针针目中钩织2针长针。比前一行增加1针。

●3针锁针的狗牙拉针

※超出3针的针数，按照步骤1钩织指定针数，以同样的方法引拔即可

※除短针之外的针法，钩针同样插入步骤2指定的半针针目和根部的1根线钩织

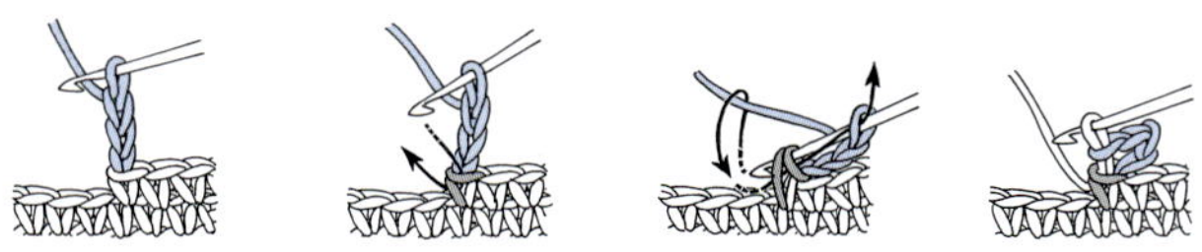

1 钩3针锁针。

2 钩针插入短针针目的半针和根部的1根线。

3 钩针挂线，沿着箭头方向一起引拔。

4 完成3针锁针的狗牙拉针。

●3针长针的枣形针

※超出3针的针数，或是除长针之外的针法，都以同样的方法在前一行的同一针目上钩织指定数量和针法的未完成针目，再按照步骤3，钩针挂线，一次钩过针上的线圈即可

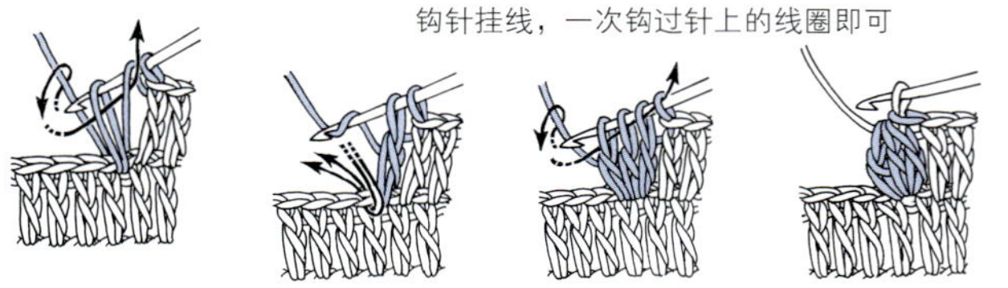

1 在前一行的针目上钩织1针未完成的长针（参照p.93）。

2 钩针插入同一针目，继续钩织2针未完成的长针。

3 钩针挂线，一次钩过针上的4个线圈。

4 完成3针长针的枣形针。